AutoCAD 实用白金教程

主　编　邓道荣　蒋炳炎
副主编　吴贤桂　吴开莘

华中科技大学出版社
中国·武汉

内容简介

本书基于 AutoCAD 的强大绘图功能，重点讲述学习和使用 AutoCAD 的方法和技巧，具有快速入门、高效速成的特点，并列举了大量的典型图例，便于广大读者练习。

本书主要内容包括 AutoCAD 快速入门、绘图知识与环境设置、基本绘图方法、基本编辑方法、尺寸标注与文本编辑、视窗的显示与刷新、三维绘图，以及综合训练等内容。

本书适合机械设计工程师和专业图形设计人员阅读，也可作为大专院校相关专业的教材和参考书，以及相关机构的培训教材。

图书在版编目(CIP)数据

AutoCAD 实用白金教程/邓道荣，蒋炳炎主编. —武汉：华中科技大学出版社，2011. 10
ISBN 978-7-5609-7367-8

Ⅰ. A…　Ⅱ. ①邓…　②蒋…　Ⅲ. AutoCAD 软件-教材　Ⅳ. TP391. 72

中国版本图书馆 CIP 数据核字(2011)第 188264 号

AutoCAD 实用白金教程　　邓道荣　蒋炳炎　主编

责任编辑：刘　飞
封面设计：刘　卉
责任校对：周　娟
责任监印：朱　玢
出版发行：华中科技大学出版社(中国·武汉)
　　　　　武昌喻家山　　邮编：430074　　电话：(027)81321913
录　　排：华中科技大学惠友文印中心
印　　刷：湖北卓冠印务有限公司
开　　本：710mm×1000mm　1/16
印　　张：10. 75
字　　数：234 千字
版　　次：2017 年 2 月第 1 版第 6 次印刷
定　　价：21. 50 元

前　言

AutoCAD是机械、电子、服装、建筑等专业进行设计时，应用最广泛的软件之一。它替代了过去繁重的手工绘图与设计，大大提高了绘图速度和工程师的设计效能。随着时代的发展和社会的需要，要求机械等相关专业的大学生都必须熟练掌握，为今后的工作打下良好的基础。

目前，AutoCAD主要用于平面设计，由于它具有操作简便、作图精准无误、功能齐全、入门容易、通俗易学易掌握、使用方便灵活等优点，所以深得广大设计人员的喜爱。

有些人刚接触AutoCAD，觉得它很简单，画些直线、圆弧之类的图形非常容易，可学了一段时间就会发现，真正要完整地画好一幅图，并不是一件容易的事，绘出的图纸总是不尽如人意，还不如手工绘图方便，而且会碰到许多问题，看书也不得要领，所以过去有许多人感觉AutoCAD很难学好。

现在市面上有关AutoCAD的书籍很多，大多是把有关知识从头到尾笼统地讲解一遍，而对真正把这些知识灵活运用到实际绘图中去的方法和技巧讲得甚少。所谓“假传万卷书，真传一句话”，面对这样的讲解方式，初学者往往是不得要领，到头来还是要靠自己不断地总结摸索，花费大量的时间和精力，有些人干脆就学不下去。其实，书上有些东西，在实际中可能很少用到，如世界坐标系、布局等内容，这些内容对初学者是一个拦路虎。

现代社会讲究高效率，都不愿学了很久还不得要领，所以，读者迫切希望能有本高效速成的书来解决这一问题。本书正是针对这个问题，专门讲方法和技巧，甚至把许多参数标准化，解决了绘图中可能会遇到的疑难问题，如界面设置、尺寸标注的设置等，能修改的参数很多，但实际使用过程中只要变动几个参数就可以了。使读者快速入门，并快速精通AutoCAD，这也是本书“白金教程”书名的由来。

通过大量的教学实践，我们发现，要学好AutoCAD，关键在于掌握正确的学习方法。如果学习方法得当，在短期内就能掌握甚至精通，如果方法不当，就会觉得它很难，甚至感觉无法学会，同时产生厌烦心理。

学习AutoCAD，首要的事情就是学习完整地画一个较简单的零件图，并反复训练到非常熟练的程度，这样，就能掌握用AutoCAD画图的全过程，并在训练过程中逐渐熟悉常用命令的操作。简单图会画了，复杂的图形也就触类旁通了，只是需要多花点时间而已，入门之后，接下来就是如何提高的问题。所以，要“先学会怎么做，再去问为什么这样做”。而要精通AutoCAD，就必须掌握AutoCAD的绘图技巧。所以初学者一定要从简单图形入手，等熟练后再去画复杂的图形。千万不能见到图就盲目去画，结果是花了时间，又没有效果，到头来就会失去信心。

本书从 26 个基本命令(常用快捷键)讲起，列出了常用的标准设置，去粗存精，重点讲解有关技巧，配套相关例题。在本书中，先设计了一个简单而比较典型的零件图，使读者能够在极短的时间内快速入门，之后着重讲解具体使用技巧和方法，以及绘图中可能遇到的疑难问题，同时精选了大量的典型实例，主要是生产中实际使用的图，如汽车冷却水泵、制动泵、塑料制品、模具等，理论联系实际，使读者能在最短的时间内全面掌握和精通 AutoCAD。因本书中的图例均采用 AutoCAD 绘制，故 R、ϕ 等均保留了此软件的字符特色，未采用斜体。本书配有供读者使用的视频教学课件，如有需要，可向作者索取(电子邮箱:dxr226@163.com)。

本书适合机械设计工程师和专业图形设计人员阅读，也可作为大专院校相关专业的教材和参考书，以及相关机构的培训教材。

由于水平有限，书中难免有缺点和不足，恳请大家批评指正。

编　者

2011 年 9 月

序

AutoCAD是当前应用最为广泛的绘图和设计软件之一，许多专业把它作为一门必修课。学会简单使用一个软件，也许只需要一天的时间，但要熟练地运用一个软件，却并不是一件容易的事情，有可能需要一两年，甚至数年的时间，然后分享众多软件专家的开发成果，倒是一件幸福和快乐的事。

市场上有大量AutoCAD的教程，不少书籍各有特色，但对如何在绘图过程中运用自己积累的知识，解决绘图中的实际问题却言之甚少，读者遇到问题时往往束手无策，学习效果不甚理想。本书的可贵之处在于高效速成，把复杂问题简单化，能让读者快速掌握并灵活运用书中的知识。对初学者而言，这是一本能使其入门和提高的教程，对有一定基础的读者而言，这是一本能使其更快速有效地掌握技法的教程。

本书通过对AutoCAD的使用方法和技巧的讲解，使读者能够在短时间内快速入门并精通它。首先，通过设计一个速成训练图，从简单图形入手，让读者体验绘制一幅图完整的全过程，并进行强化训练，使之能够从一开始就掌握使用AutoCAD绘图的常用命令。对于快速入门而言，速成训练非常重要，它既可增强读者的学习兴趣，又可使其快速掌握良好的学习方法。其次，作者经过多年的实践，对在学习和使用AutoCAD软件过程中经常遇到的难点问题进行了归纳和总结，很方便地解决了诸如图层的设置和使用、乱码产生的原因及解决方法、尺寸标注的规范化与标准化、打印出图的比例与实际尺寸不一致等问题，在业内创立了AutoCAD使用的标准化设置方法，并在本书中进行了细致透彻、深入浅出的讲解，将这些难题全部解决，操作时简单易行。这对培养良好的绘图习惯、规范绘图方法、提高绘图速度等方面指导意义重大。

作者从事过多年生产和设计工作，并结合教学工作，编写了内部教材并使用多年。在本教程的编写中，作者注重理论联系实际，在书中丰富了经典设计图例，且大都来源于生产实践，对初学者和经验丰富的设计人员，都有很好的参考价值。在本书的编写过程中作者得到了中南大学模具技术研究所、江西应用工程职业学院、安源股份有限公司等广大同仁的大力支持。本人借此机会谨对该书的出版表示祝贺，同时对邓逍荣硕士刻苦勤奋、满怀热情的工作精神表示由衷的敬意。

中南大学教授、博士生导师 **蒋炳炎**

2011年9月

目　　录

第一章　AutoCAD 快速入门

本章提示

(1) 对 AutoCAD 有初步认识。

(2) 了解 AutoCAD 的作用及学习方法。

(3) 识记 26 个常用快捷键。

(4) 速成训练。

第一节　AutoCAD 简介

一、认识 AutoCAD

AutoCAD 的全称是 Computer Aided Design，即计算机辅助设计（也称为 Computer Automatic Drawing 计算机自动绘图），是美国 Autodesk 公司开发的专门用于计算机绘图设计工作的软件。

自 20 世纪 80 年代推出 R1.0 以来，先后有 R13、R14、R15、AutoCAD 2000、AutoCAD 2002、AutoCAD 2004 和 AutoCAD 2005 等版本，迄今为止版本还在不断更新。但不论怎样更新，其用于图形绘制的核心内容没有改变。目前，比较简便实用的版本是 AutoCAD 2005 和 AutoCAD 2007。

AutoCAD 具有简便易学、精确高效等优点，深受广大工程设计人员的青睐。广泛应用于机械、建筑、电子、服装等领域。

目前，机械设计三大应用软件是：AutoCAD、MasterCAM、Pro/E。它们既有联系又有区别，许多命令的功能是相通的。AutoCAD 主要用于平面设计，MasterCAM 用于加工编程、Pro/E 具有强大的三维建模功能。

二、使用 CAD 绘图的优越性

(1) 图形的大小不受限制。任意大小的图形都可按 1∶1 在 CAD 中绘制。

(2) 绘图精度高。能快速准确地进行各种绘图，如捕捉切点、相互垂直等。

(3) 可以十分方便地对图形进行编辑修改。如删除、复制等，大大提高了绘图效率。

(4) 利用块的插入可以大大简化装配图的绘制和工艺流程的编制。

三、CAD 兼容知识

(1) 计算机知识。如文件的打开(Open)、保存(Save、Save as)、打印(Print)、预览(Preview)、新建文件夹(New)、复制到剪切板、粘贴等。

(2) 打字能力。要求打字速度在 30 字/分钟以上,必要的打字速度对提高绘图速度是有帮助的,同时,掌握中/英文之间的切换方法、大小写切换和标点的切换等。

(3) 英语知识。AutoCAD 是先有英文版,再有中文版。所有的快捷键都是英文字母。掌握必要的英语知识对学习 AutoCAD 很有帮助,在绘图过程中碰到的一些问题,往往是由于中英文理解的差异而产生的。

第二节　AutoCAD 绘图过程

AutoCAD 通常首先用来绘制平面图,其绘图步骤及原理与手工绘图基本相同。所以在学 AutoCAD 之前,应掌握《机械制图》的基础知识和手工绘图的基本方法,良好的制图功底对学习 AutoCAD 大有帮助。AutoCAD 绘图的四个基本步骤如下。

一、绘制草图(Draw)

任何图形都可认为是由线段和圆弧组成的,基本绘图命令有 2 个。

直线:L——Line——　　　　圆:C——Circle——

二、图形修改(Modify)

CAD 最突出的优点是图形修改方便。一般是边绘图边修改,常用的修改命令有 16 个。

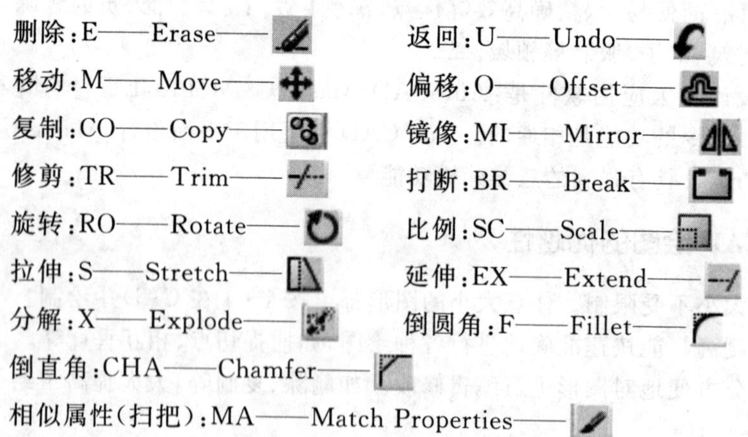

删除:E——Erase——　　　　返回:U——Undo——

移动:M——Move——　　　　偏移:O——Offset——

复制:CO——Copy——　　　　镜像:MI——Mirror——

修剪:TR——Trim——　　　　打断:BR——Break——

旋转:RO——Rotate——　　　　比例:SC——Scale——

拉伸:S——Stretch——　　　　延伸:EX——Extend——

分解:X——Explode——　　　　倒圆角:F——Fillet——

倒直角:CHA——Chamfer——

相似属性(扫把):MA——Match Properties——

三、尺寸标注(Dimension)

设置标注样式,以适应不同的标注,常用的命令有 1 个。

标注样式:D——Dimension——

弹出【标注样式管理器】对话框,对标注进行多种设置。常用的标注形式有:

线性尺寸:——Linear 斜向尺寸:——Aligned Dimension

半径:——Radius 直径:——Diameter

角度标注:——Angular Text Edit

四、文本编辑

填写标题栏和技术要求、修改尺寸等,常用的命令有 2 个。

写字:T——Text—— 编辑:ED——Edit

其他常用命令

包括填充、窗口操作和存盘命令,常用的命令有 5 个。

填充:H——Hatch—— 清理:PU——Purge

图块存盘:W——Wblock 再生:RE——Regenerate

视窗:Z——Zoom

小结:26 个常用快捷键(具体含义详见后文)

L、C、E、U、M、O、CO、MI、TR、BR、RO、SC、S、EX、F、CHA、X、MA、D、T、ED、H、PU、W、RE、Z

第三节 AutoCAD 学习方法

一、正确的学习方法

正确的学习方法是学习 AutoCAD 的根本。"先学会如何做,再去研究为什么这样做,最后熟能生巧。"这是学习 AutoCAD 及各种专业操作技能的一种行之有效的方法。

许多人学了很久的 AutoCAD,感觉好像学会了,会用一些命令,也会画一些简单的图,但真正要开始画图,尤其是搞设计,就会发现画不了,感觉无从下手,或会碰到许多莫名其妙的问题,或者即使画出来了,也觉得画出的图不尽如人意,这时才知道要真正精通 AutoCAD 远不是那么回事。这种现象在实际的工作中真是太普遍了。

我们在实际的教学中,一般初学者只要按照本书所教的方法进行训练,通常一个月左右的时间就能掌握 AutoCAD,并能达到较高的水平。

所以,要学好 AutoCAD,并精通 AutoCAD,学习方法是至关重要的。

二、掌握 26 个常用快捷键

要能又快又好地绘图,必须熟练掌握这些常用快捷键。尽量不使用工具图标绘图(尺寸标注除外),而用快捷键可大大提高绘图速度。

三、从最基本的图形入手

进行反复训练,直到能熟练掌握基本命令的操作方法及使用技巧。如果能熟练掌握简单图形绘制的全过程,AutoCAD 就已经入门了。复杂图形也是由简单图形组成的,真正掌握 AutoCAD 只是个熟练过程而已。

四、把教材当作参考书来学

教材往往注重理论讲解,系统而全面地讲述有关知识,而在实际操作中如何灵活运用的知识却讲得较少。所以要善于归纳总结,在学习中多参考有关 AutoCAD 的资料,理论与实际绘图操作结合起来,善于在绘图过程中积累经验,真正把 AutoCAD 学通。

在电脑普及之初,大家忙于学五笔、练打字。有人认为,打字只要会就行,没必要练得那么好,又不是去做打字员。结果有这种想法的人,五笔都学得不太好。自从有了拼音输入法之后,会五笔的就更少了。

其实天天用电脑,每天花在打字上的时间是很多的,所以,打字快的人,自然可以节约大量的时间。学五笔并不难,只是开始的时候要下点工夫,有个把月的时间就可学好,而且终生受用,可为什么现在许多人总是学不好呢?拼音打字比较容易,几乎不要学习,但拼音打字有它的不足之处:不认识的字打不出来,错别字较多等。这就是学习观念与学习方法的问题。

学 AutoCAD 也是如此,常见到有人在学 AutoCAD 的时候这样说:我又不是去做画图员,只要会画就行,学得那么好干嘛?学几天感觉会了,能画些简单的图,就觉得可以了,不学了!结果没过几天就全忘了,要用的时候又感觉无从下手,于是又从头开始学。反复几次之后,就觉得很烦,最终还是不会。

这其实是学软件常遇到的现象。学软件带有很强的技能性,真正学通了,是终生都不会忘掉的!所以,要学就要学通,否则就干脆不要学!其实,精通 AutoCAD,只要方法得当,严格训练,一个月足矣。

但愿您能从中受益,从本书受到启发。这才无愧于本书的书名——AutoCAD 实用白金教程!

第四节　AutoCAD 速成训练

如图 1-1 所示。本图包含了用 AutoCAD 绘图的全部过程:草绘→修改→尺寸标注→文本编辑,简单实用,非常适合初学者使用。

具体方法是:先模仿下列操作步骤进行训练,直到把整个图形画出来,学习 AutoCAD作图的基本步骤和简单命令的使用方法;再反复训练,并熟能生巧,要求能在 5 分钟内画完全图，同时掌握良好的学习方法，这样 AutoCAD 就入门了。没有达到非常熟练的程度，不要去练习其他的绘图，这样不利于快速掌握 AutoCAD，也会对后面要学习的高级技巧产生不良影响。

本书附有速成训练的完整绘图视频教学光盘，供学习时参考。

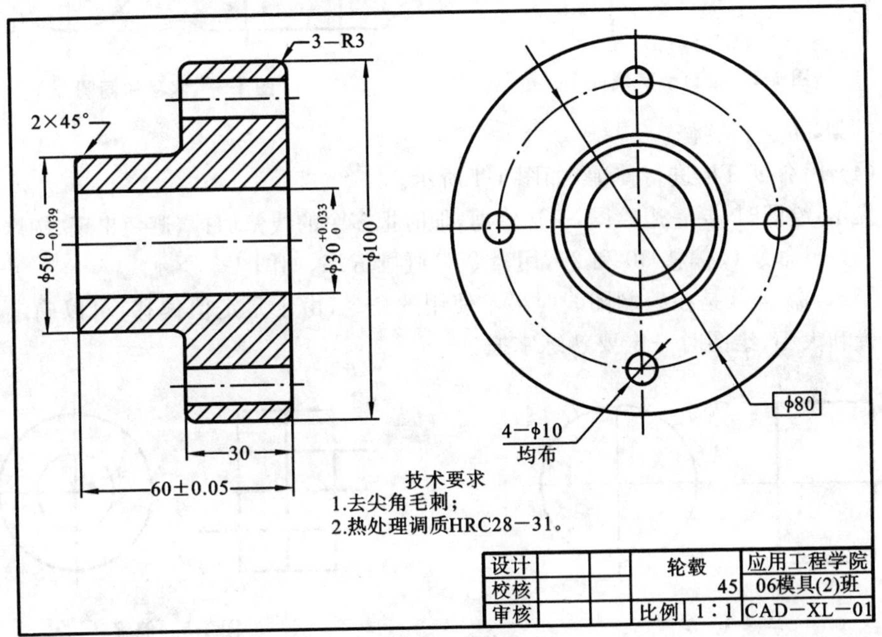

图 1-1 轮毂

一、操作步骤

(1) 简单界面设置(详见第二章第二节)："→"表示下一步，按鼠标左键、空格键或 Enter 键。

菜单【工具】→选项→【显示】→十字光标大小：5→100、1000→10000

【用户系统配置】→取消 Windows 标准两个勾选

【草图】与【选择】→确定适当的标记大小

菜单【工具】→草图设置→【对象捕捉】→只勾选"端点、圆心、交点"三项。

提示：对于初学者来说，"界面设置"要反复训练，为精通 AutoCAD 打下坚实基础。

(2) 用命令 L 绘出两个十字线，如图 1-2 所示。

提示：绘图一定要从绘十字中心线开始，以确定视图的位置。

(3) 用命令 O 偏移 60 和 50，用命令 C 画圆 $R50$(注："$R50$"表示圆的半径为 50 mm，下同)，如图 1-3 所示。

提示：绘图时，先画大尺寸的图线，以确定视图的轮廓和范围，这就好比建房子，

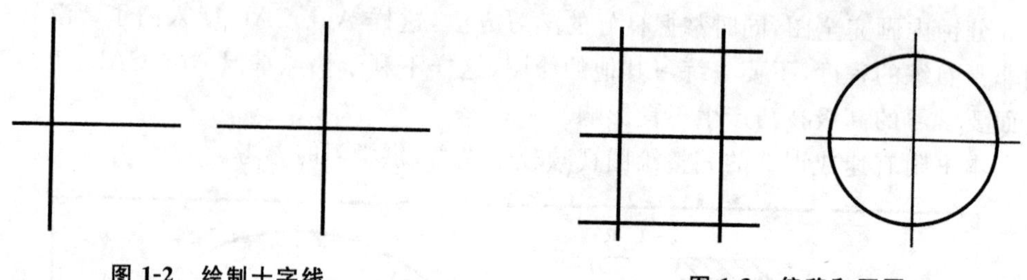

图 1-2　绘制十字线　　图 1-3　偏移和画圆

先建框架，再进行装修。

(4) 用命令 TR 进行修剪，如图 1-4 所示。

提示：绘图时，要一边绘图，一边修剪，随时把多余的线修剪掉，避免出现“蜘蛛网”。

(5) 用命令 O 偏移 30 和 25，用命令 C 画圆 $R25$，如图 1-5 所示。

提示：命令 O 是在绘制图线时最常使用的命令，由于是定值偏移，可以确定图线的位置和大小，绘图时一定要熟练掌握。

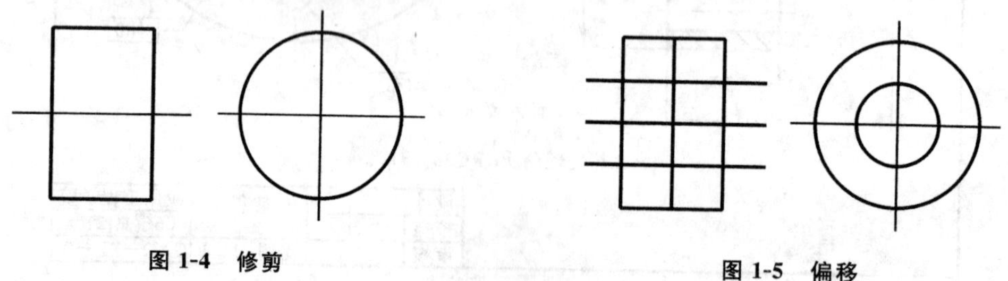

图 1-4　修剪　　图 1-5　偏移

(6) 用命令 TR 进行修剪，如图 1-6 所示。

(7) 用命令 O 偏移 15，用命令 C 画圆 $R15$，如图 1-7 所示。

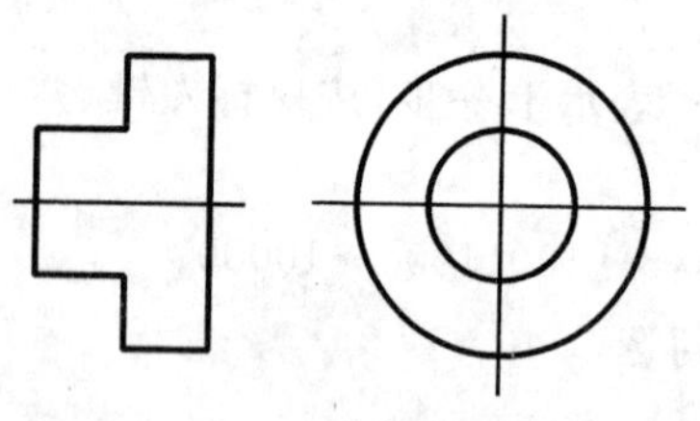

图 1-6　修剪

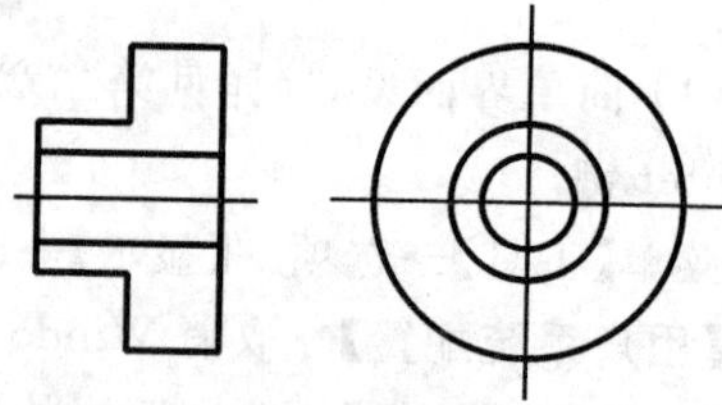

图 1-7　偏移

(8) 用命令 O 偏移 40 和 5，用命令 C 画圆 $R40$ 和 4—$\phi10$，如图 1-8 所示。

(9) 按标准设置图层，如图 1-9 所示。

提示：图层是一个非常重要而又不容易掌握的问题，初学者一定要严格按照图 1-9 所示标准进行反复训练，在今后的学习中就会慢慢体会到它的好处。

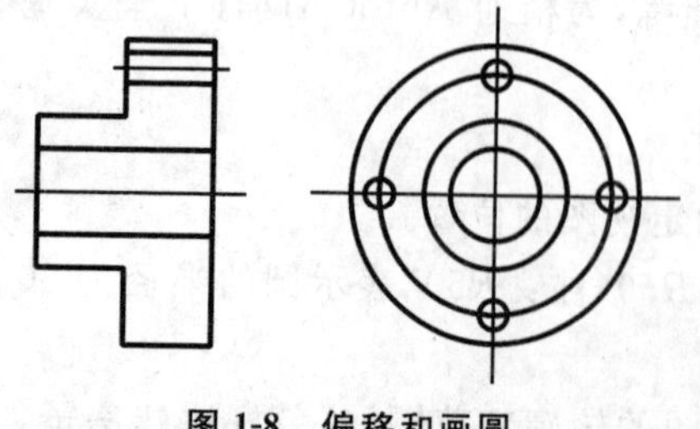

图 1-8　偏移和画圆

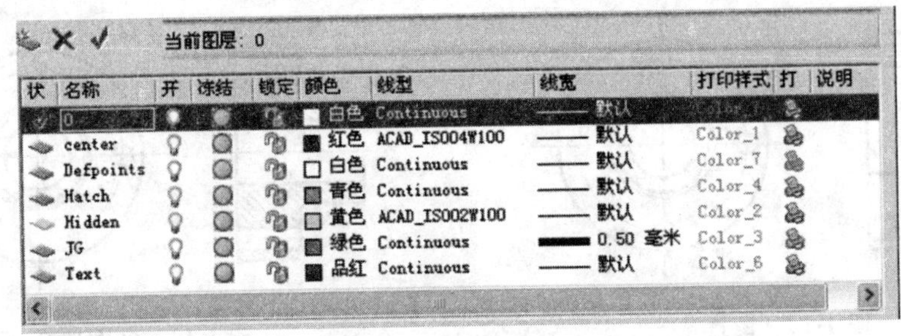

图 1-9 标准图层设置

训练时，图层的名称、颜色、线型、线宽都要和图示一模一样！

(10) 把中心线放入 Center 层，其他图线放入 JG 层，如图 1-10 所示。

(11) 用命令 MI 镜像，如图 1-11 所示。

(12) 用 F 倒圆角 3—$R3$(共 6 处)，如图 1-12所示。

提示："F-R"是三个双键命令之一，非常实用，可以快速进行倒角、修剪、延伸等，所以，一定要熟练掌握。

操作方法：先输入 F，按一下空格键，再输入 R，再按一下空格键，然后输入需要倒角的半径，如果输入 0，则直接进行延伸和修剪。

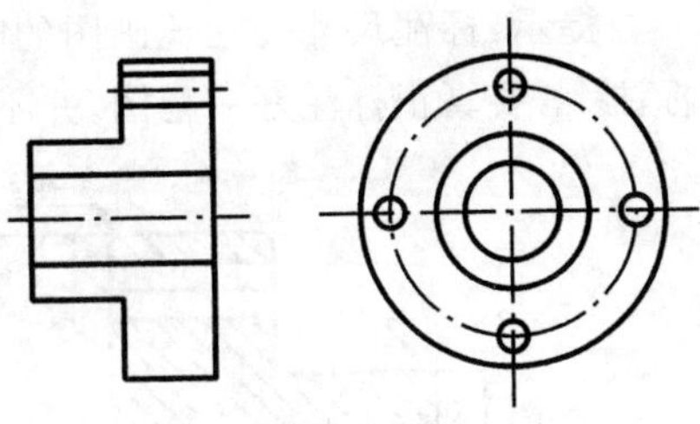

图 1-10 把图线放入各自的图层

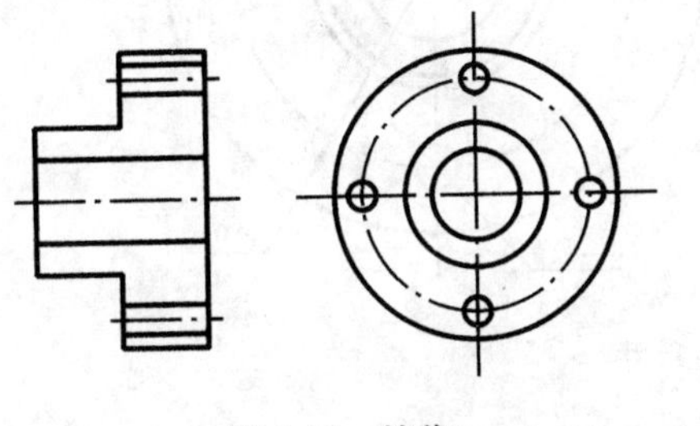

图 1-11 镜像

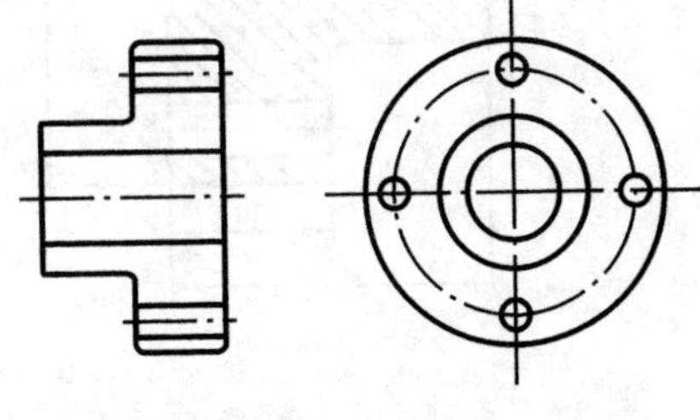

图 1-12 倒圆角

(13) 用命令 CHA 倒直角 2×45°，用命令 O—2 偏移圆，如图 1-13 所示。

提示：CHA 是唯一的三个字母的命令，专门用于倒直角。

操作方法：先输入命令 CHA，按一下空格键，再输入命令 D，再按一下空格键，然后输入需要倒直角的距离，再连续按两下空格键(因为要确定 2 个倒角距离，而倒 45°角的两个距离相等)，再用鼠标去点击需要倒直角的线(要点击 2 次，即形成角的两个边线)。

(14) 用命令 H 画剖面线，如图 1-14 所示。

提示：画剖面线，最好是在所有的图线都画完且在标注尺寸之前，用命令 H 进行填充，否则，容易出问题，经常会遇到填充不了的现象。

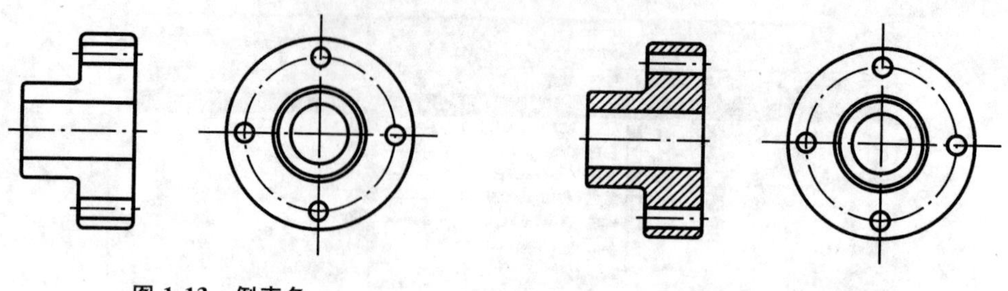

图 1-13　倒直角

图 1-14　画剖面线

(15) 按标准设置标注样式 ISO、ISO-25、副本 ISO-25(详见第五章第一节)。

提示:标注样式的设置是 AutoCAD 的重点,许多图画不好,往往是这里出了问题,没有掌握关键点,所以一定要按标准设置,先模仿,再反复训练,精通后再去变通。

(16) 标注尺寸,如图 1-15 所示。

提示:标注尺寸往往比画图的时间要多得多,AutoCAD 的功夫主要体现在尺寸标注上,要真正标注好一幅图,并不是一件简单的事。

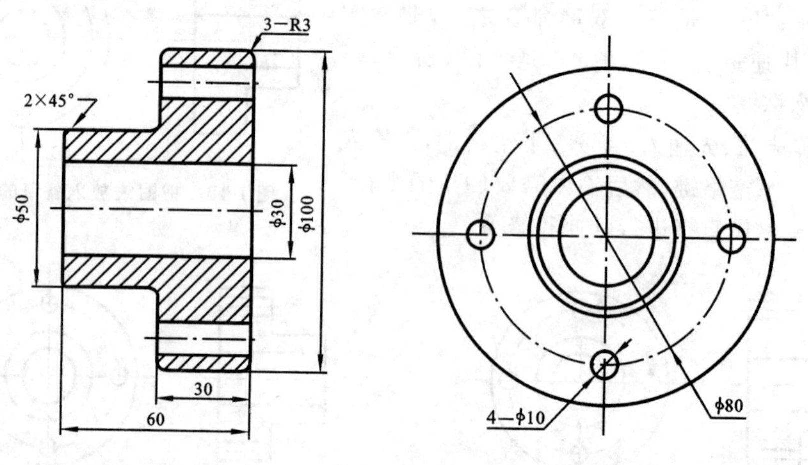

图 1-15　标注尺寸

(17) 修正尺寸的样式,用命令 ED 进行尺寸修改,如图 1-16 所示。

提示:本步主要是标注尺寸公差、直径尺寸加 ϕ、标注形位公差等。

(18) 用 REC、SC 等命令画图框,如图 1-17 所示。

提示:用 AutoCAD 绘图时,所有的图形都一定要按 1∶1 绘制(局部放大图除外),这是 AutoCAD 绘图的最大优势,因为这样绘图,不仅标注方便,还有利于后面图形的调用、画装配图和工艺图等。如果不是按 1∶1 画图,则极容易带来混乱,所以,千万记住,所有的图线按实际尺寸绘制。

绘图时,图框可以按比例缩放。

技巧:绘图时,只要绘出一个标准图框即可,其他图都可调用,也可把绘图时常用的符号及资料存为图形文件,供绘图时调用。

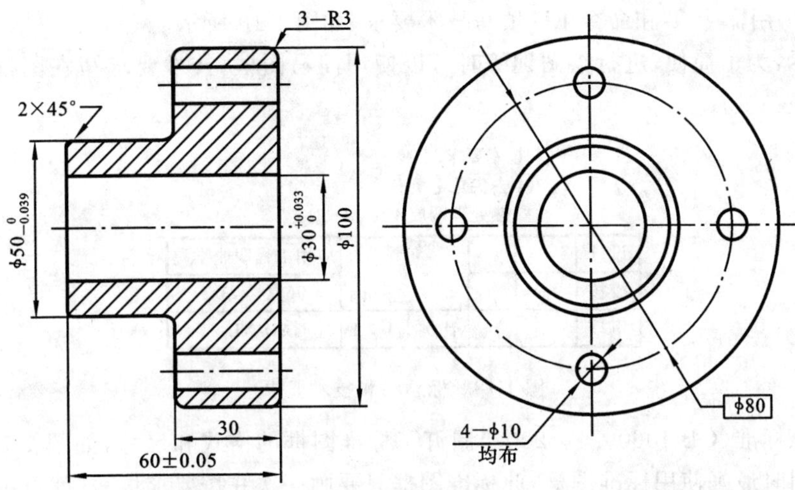

图 1-16 尺寸修改

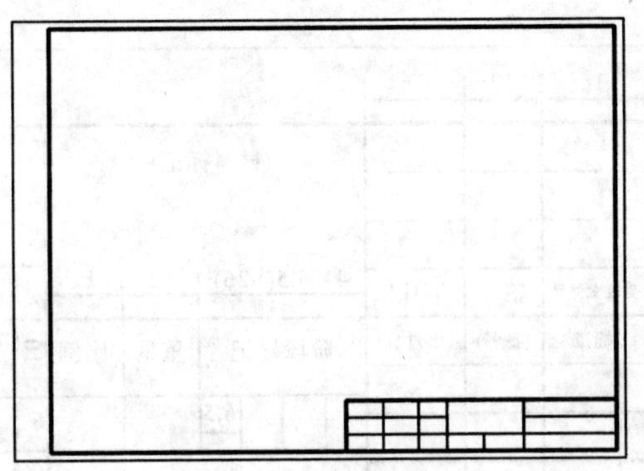

图 1-17 绘制图框

附：图纸的基本幅面尺寸，如表 1-1 所示。

图纸的长宽比为$\sqrt{2}$∶1，A0 图纸的面积是 1 m^2，由此计算出：

A0＝1189×841（长×宽），A1＝841×594，A2＝594×420，A3＝420×297，A4＝297×210。

表 1-1 图纸的基本幅面尺寸 (mm)

幅面代号	A0	A1	A2	A3	A4
$L \times B$	1189×841	841×594	594×420	420×297	297×210
e	20		10		
c	10			5	
a	25				

注：a——装订边线宽度；

c——非装订边线宽度；

e——不需要装订的边线宽度。

(19) 用命令 T 和命令 ED 填写技术要求，如图 1-18 所示。

提示：为了简便，进行绘图训练时可以使用简易图框，技术要求写在图框上方或附近的空白处。

技术要求
1.去尖角毛刺；
2.热处理调质HRC28－31。

设计			轮毂		应用工程职业学院
校核			45		06模具(2)班
审核			比例	1：1	CAD-XL-01

图 1-18　标题栏和技术要求

国家标准(GB 10609.1—2008)制订了标准图框的格式和尺寸，如图 1-19 所示。建议绘图时最好使用标准图框，此标准图框只要画一次并按要求填写，就可供以后调用，若有其他特殊要求，只需在相应的地方进行修改就可以了。

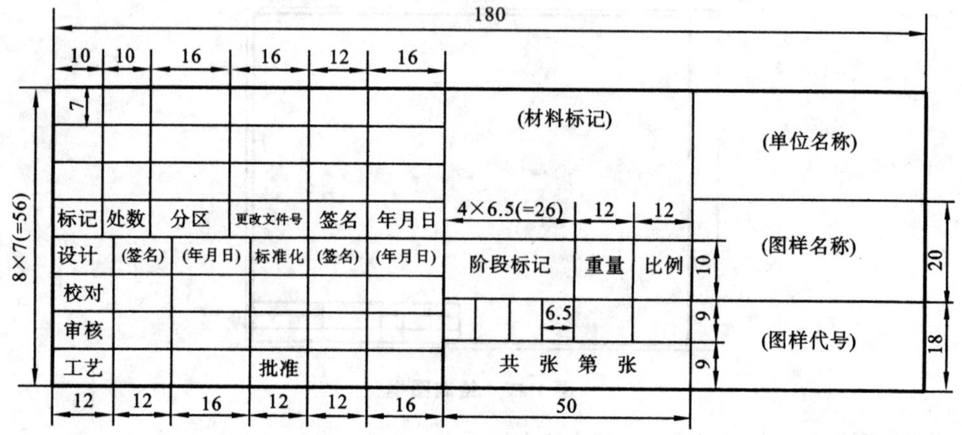

图 1-19　标准图框尺寸

标题栏填写实例如图 1-20 所示。

						HT200			萍泉实业有限公司
标记	处数	分区	更改文件号	签名	年月日				
设计	林草	03.5.10	标准化	刘清莲	03.5.25	阶段标记	重量	比例	BJ130离合器总泵缸
校对	胡忠荣	03.5.12							
审核	马既甫	03.5.18					1750g	1：1	BJ130-1602515C
工艺	刘钢	03.5.20	批准	邓道荣	03.5.30	共 26 张 第 2 张			

图 1-20　标题栏填写实例

(20) 把所有的实体放入各自的图层，用 SC 缩放图框，并用 M 把所有图形摆放到最佳位置。如图 1-1 所示。

(21) 存盘三步骤：用命令 PU 进行全部清理、用命令 Z—E 把图形最大化、存盘，完成绘图过程。

提示：在绘图过程中使用的命令、调用的图块及无用的图层等信息，都会完整地记录下来，这样大大地增加了图形文件的大小，不利于图形文件的使用，所以，在存盘之前，先用 PU 命令，把这些无用的信息去除，缩小文件的大小，同时不会影响图形的完整性。清理掉的内容相当于文件中的垃圾，一定要全部清理干净。

二、技巧

(1) 绘图过程要遵循如下基本步骤：界面设置→绘制草图→图层设置→剖面线→标注尺寸→图框→技术要求→存盘等。

(2) 把已设置好的图形打开，另存为新图，可省略设置界面、图层、标注样式和重新绘图框与标题栏等步骤。

(3) 主视图可用更简便的方法画出：L(正交)→25—30—25—30—50→MI…

标准轮毂产品图训练图(见图 1-21)。

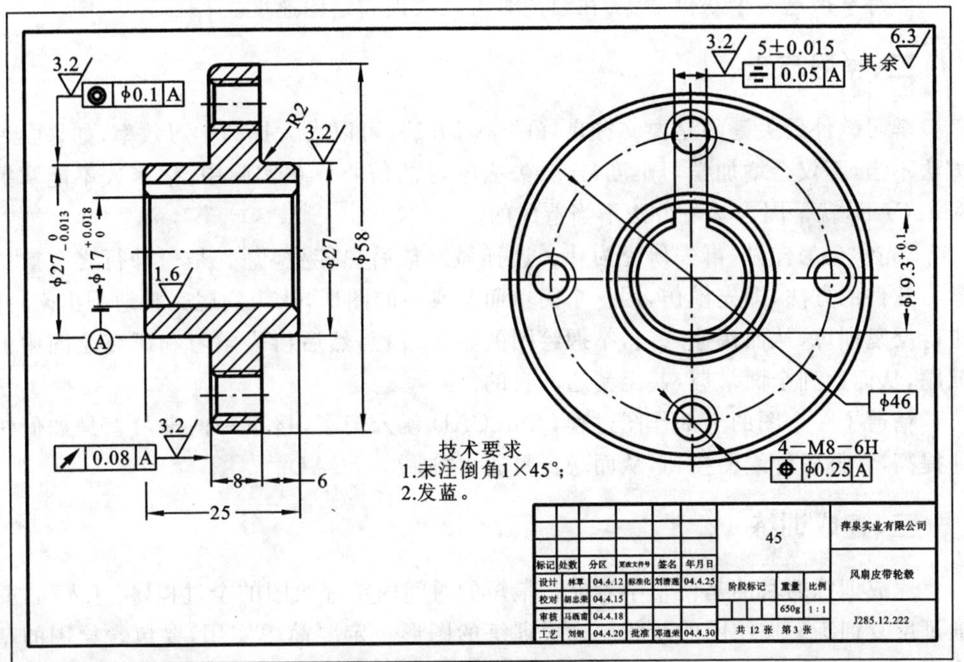

图 1-21　风扇皮带轮毂

本章小结

一、26 个常用快捷键

使用快捷键绘图可大大提高绘图速度，要想熟练掌握 AutoCAD，并最终成为一个高手，就必须要求熟练使用快捷键绘图。

AutoCAD 的快捷键很多，要全部记下来很困难，也没必要。本书提炼出最常用的 26 个快捷键，易学易记，覆盖了 90%以上的绘图过程，所以必须熟练掌握并能灵活应用。这些命令的特点是英文单词的前一个或两个字母，如复制的英文是 copy，其快捷键是 CO，只有一个倒直角的快捷键 CHA 是三个字母。

在这些命令中，有三个双键命令，即连续输入两个命令，如画相切圆，输入 C，空格键，再输入 T，然后点选相切的线，最后输入相切圆的半径。

C—T：画相切圆；

F—R—(输入圆角半径)：倒圆角；

Z—E：把所有图形以最大化的形式，都显示在绘图界面上。

熟练掌握这三个双键命令，在绘图时可大大提高绘图速度。

二、学习方法

学习软件最关键的是要掌握良好的学习方法，可以大大提高学习效率，如果学习方法不当，不仅会增加学习难度，还会失去学习的信心！在实际中，很多人不能掌握 AutoCAD，就是因为学习方法不当造成的。

“先学会怎样做，再去研究为什么这样做？最后熟能生巧”。是一种行之有效的学习软件的方法，即先模仿，用一个简单而又典型的图形，从头到尾完整地画出来，并进行反复训练，从而快速入门，掌握绘图的整个过程，然后再去学习和研究绘图中的问题，从而达到全面掌握，甚至精通的目的。

精通了一个图的全部作图过程，AutoCAD 就入门了，接下来的学习就是如何快速提高，掌握各种绘图技巧，从而融会贯通，精通 AutoCAD。

三、速成训练

速成训练的目的是使初学者能在最短的时间内掌握绘图的全过程，快速入门，并通过反复训练掌握绘图的精髓。速成训练的图形一定要简单实用，要包含绘图的基本要素，熟练后最好能在几分钟内完成。真正掌握简单图形的绘制方法与技巧后，对于复杂图形也是一样的，只是多花些时间而已。

学习 AutoCAD 的大忌是在平时的学习中，见图就画，而不能很好地完整地画出一幅好图，这样不仅浪费了大量的时间，而且很难提高绘图水平。

熟练掌握绘图方法，对今后利用软件搞设计会有很大的帮助，所以速成训练一定要反复进行，要达到熟能生巧的地步。

课外练习一

1. 复习思考题

(1) 默写常用的 26 个快捷键。

(2) 在绘图过程中，为什么要按绘制草图、图形修改、尺寸标注和文本编辑四个步骤进行绘图？

(3) 绘图时，为什么要一边绘图一边修改，而且最好是绘制后立即进行修改？

(4) 绘图时，先画十字中心线和最大尺寸的图线，对提高绘图水平有什么好处？

(5) A4 的图幅尺寸是多少？它是如何确定的？

(6) 如何绘制图框和标题栏？

(7) 学习 AutoCAD 为什么要从最简单的图形学起？

(8) 可以用 AutoCAD 做哪些事情？除了画图之外，你还能想到它的一些功用吗？

(9) 学习 AutoCAD 时，见图就画为什么是不好的学习方法？

(10) 在学习 AutoCAD 时，按照教材都会画，而一旦离开教材，就往往感到很吃力，为什么？

(11) 通过对图 1-1 的学习和反复训练，你是否对学习 CAD 产生兴趣，并有较强的成就感？

(12) 你认为你花一个月的时间能学好 AutoCAD 并精通它吗？

2. AutoCAD 绘图题

(1) V 形槽滑座，如图 1-22 所示。

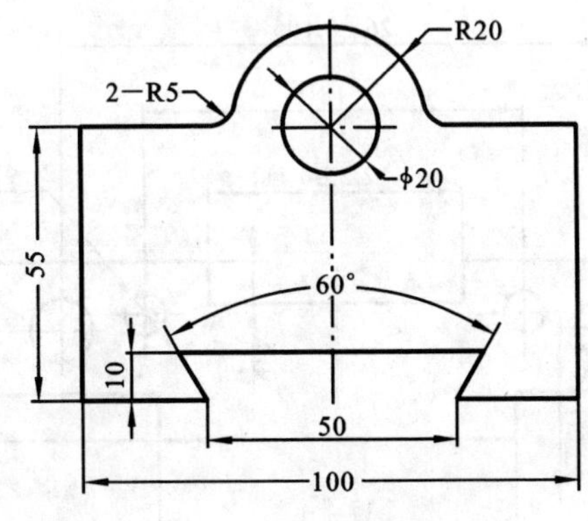

图 1-22　V 形槽滑座

(2) 出水口垫片(材料：软钢纸板)，如图 1-23 所示。

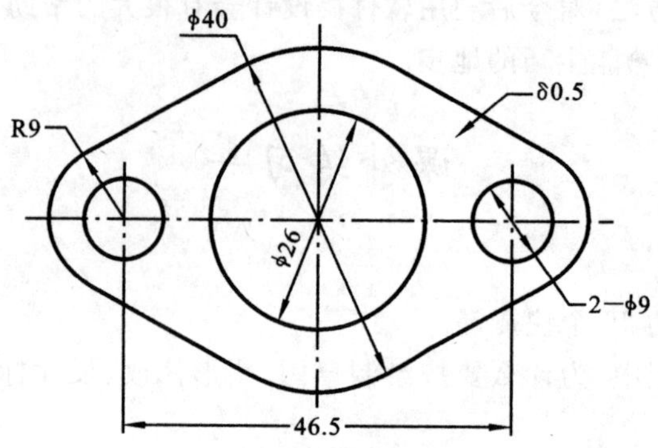

图 1-23 出水口垫片

(3) 塑料骨架(材料:ABS),如图 1-24 所示。

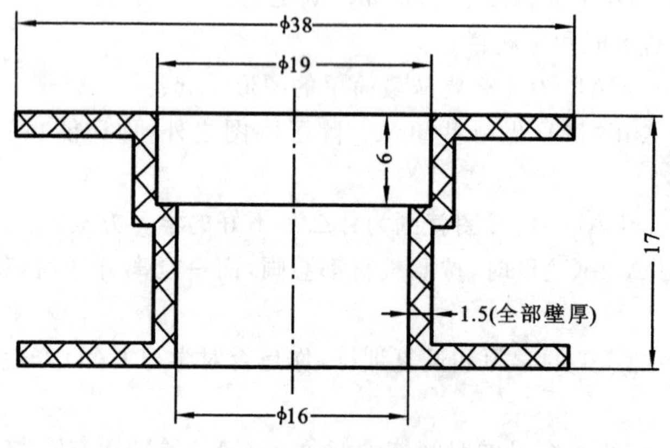

图 1-24 塑料骨架

(4) 铜垫片(δ=0.8,材料:Hb2),如图 1-25 所示。

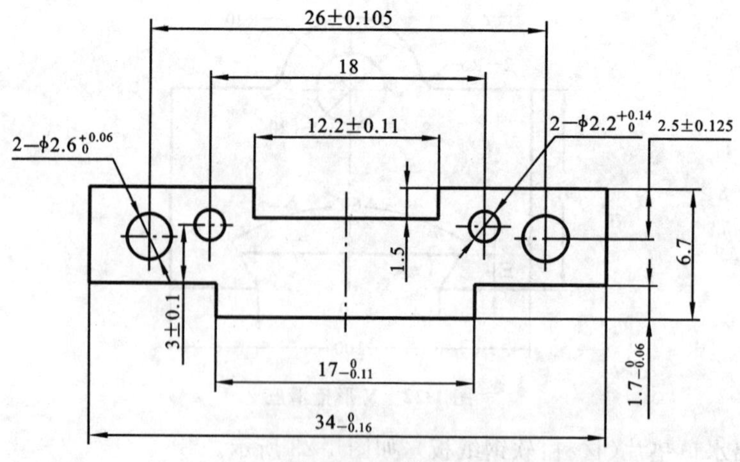

图 1-25 铜垫片

(5) 止推块($\delta=2$,材料:1Cr18Ni9Ti),如图 1-26 所示。

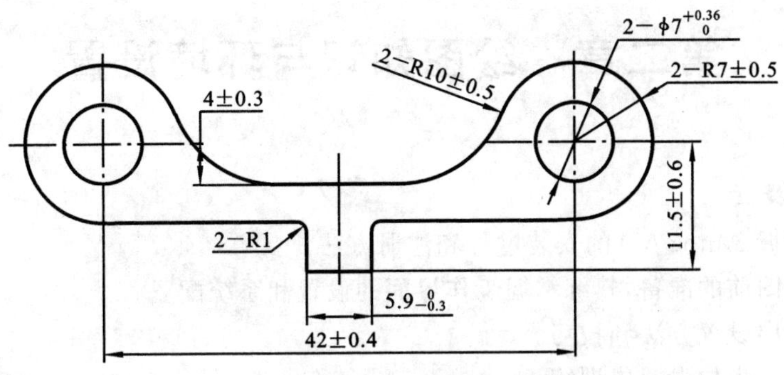

图 1-26　止推块

第二章　绘图知识与环境设置

本章提示

(1) 掌握 AutoCAD 的安装过程和注册方法。

(2) 绘图前的准备,熟练掌握工作界面的设置和系统配置。

(3) 图层设置方法和技巧。

(4) 进一步加强速成训练。

第一节　AutoCAD 安装步骤

以 AutoCAD 2005 为例,安装步骤如下,如图 2-1 至图 2-11 所示。

(1) 插入光盘,运行安装文件 setup. exe,点击安装。

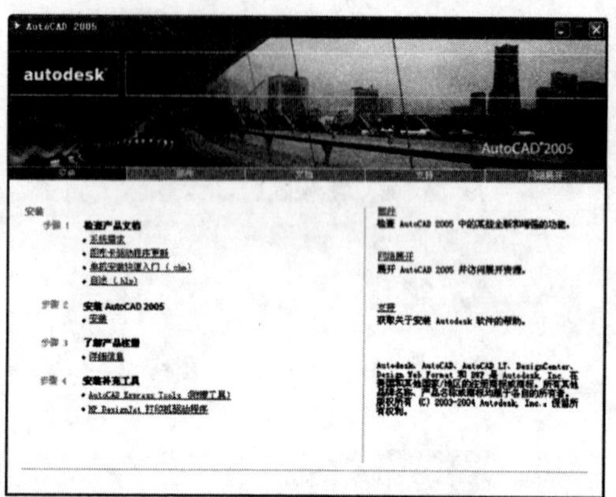

图 2-1

(2) 单击下一步。

(3) 选择“我接受(A)”,单击下一步。

(4) 输入序列号。

(5) 输入客户信息。

(6) 选择安装类型为完全安装。

(7) 选择安装路径。

(8) 单击下一步。

(9) 单击下一步。

(10) 等待安装完成。

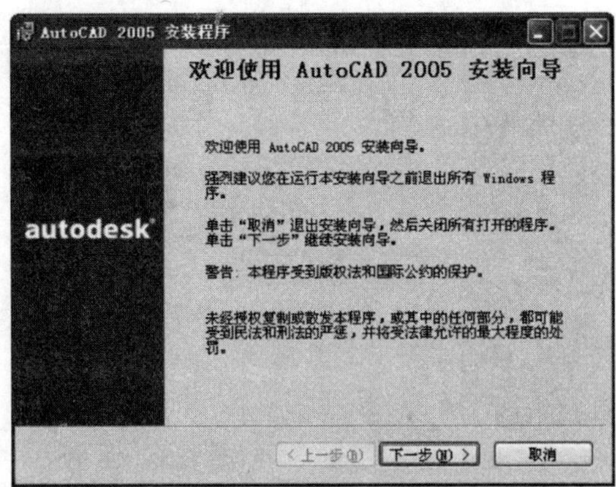
AutoCAD 2005 安装程序
欢迎使用 AutoCAD 2005 安装向导
autodesk
欢迎使用 AutoCAD 2005 安装向导。
强烈建议您在运行本安装向导之前退出所有 Windows 程序。
单击"取消"退出安装向导，然后关闭所有打开的程序。单击"下一步"继续安装向导。
警告：本程序受到版权法和国际公约的保护。
未经授权复制或散发本程序，或其中的任何部分，都可能受到民法和刑法的严惩，并将受法律允许的最大程度的处罚。
< 上一步(B)
下一步(N) >
取消

图 2-2

AutoCAD 2005 安装程序
国家或地区：
China
Autodesk
软件许可协议
全球适用
请仔细阅读：AUTODESK, INC.（以下简称"AUTODESK"）仅在您接受本软件许可协议（以下简称"协议"）所载全部条款的前提下，将软件许可给您。
如果您选择本协议末尾的"我接受"（"I ACCEPT"）按钮或复制、安装、上传、访问或使用本软件的全部或任何一部分，即表示
我接受(A)
我拒绝(R)
打印(P)...
< 上一步(B)
下一步(N) >
取消

图 2-3

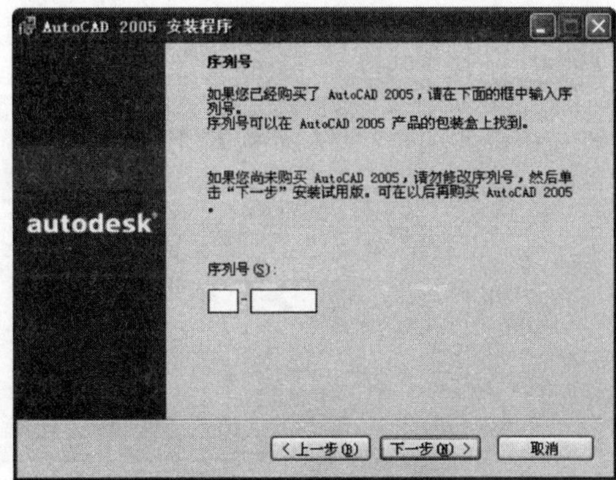
AutoCAD 2005 安装程序
序列号
autodesk
如果您已经购买了 AutoCAD 2005，请在下面的框中输入序列号。
序列号可以在 AutoCAD 2005 产品的包装盒上找到。
如果您尚未购买 AutoCAD 2005，请勿修改序列号，然后单击"下一步"安装试用版。可在以后再购买 AutoCAD 2005。
序列号(S)：
< 上一步(B)
下一步(N) >
取消

图 2-4

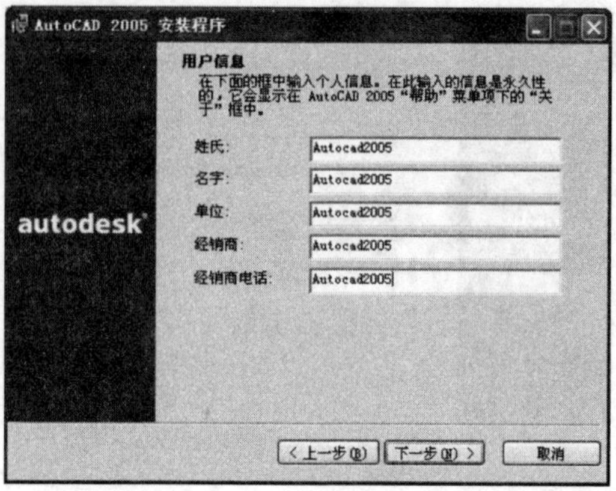
AutoCAD 2005 安装程序
用户信息
在下面的框中输入个人信息。在此输入的信息是永久性的，它会显示在 AutoCAD 2005 "帮助" 菜单项下的 "关于" 框中。
姓氏: Autocad2005
名字: Autocad2005
单位: Autocad2005
经销商: Autocad2005
经销商电话: Autocad2005
autodesk
< 上一步(B)
下一步(N) >
取消

图 2-5

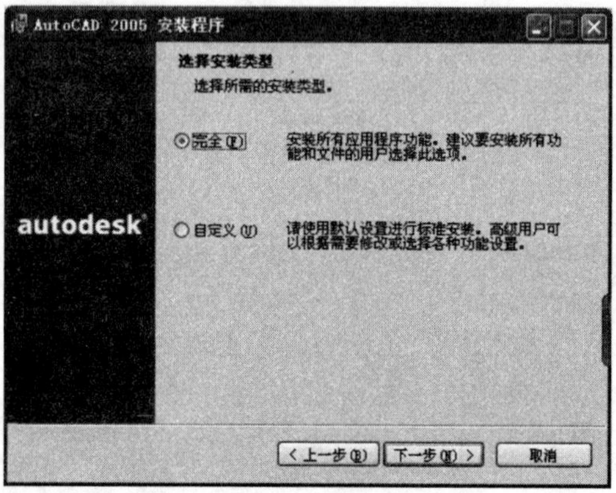
AutoCAD 2005 安装程序
选择安装类型
选择所需的安装类型。
完全(F)
安装所有应用程序功能。建议要安装所有功能和文件的用户选择此选项。
autodesk
自定义(U)
请使用默认设置进行标准安装。高级用户可以根据需要修改或选择各种功能设置。
< 上一步(B)
下一步(N) >
取消

图 2-6

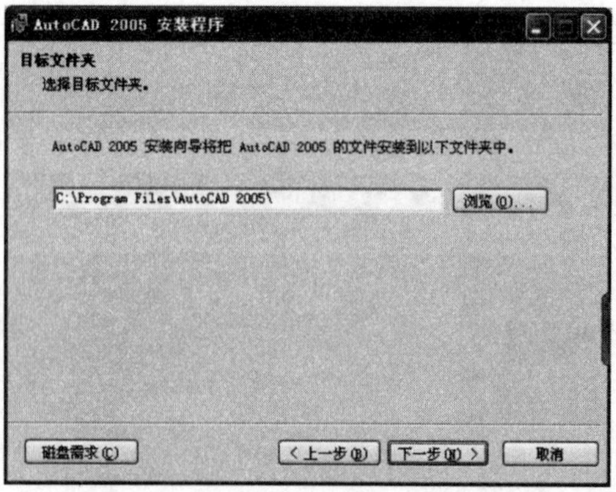
AutoCAD 2005 安装程序
目标文件夹
选择目标文件夹。
AutoCAD 2005 安装向导将把 AutoCAD 2005 的文件安装到以下文件夹中。
C:\Program Files\AutoCAD 2005\
浏览(O)...
磁盘需求(C)
< 上一步(B)
下一步(N) >
取消

图 2-7

选项
选择文本编辑器
选择用于编辑文本文件的默认文字编辑器:
C:\WINDOWS\notepad.exe
浏览(R)...
autodesk
产品快捷方式
在桌面上显示 AutoCAD 2005 快捷方式(D)
< 上一步(B)
下一步(N) >
取消

图 2-8

AutoCAD 2005 安装程序
开始安装
是否可以开始安装?
按“下一步”开始安装，或按“上一步”重新输入安装信息。
autodesk
< 上一步(B)
下一步(N) >
取消

图 2-9

AutoCAD 2005 安装程序
更新系统
正在配置选定的功能。
正在验证安装...
安装正在进行，请稍候。
取消

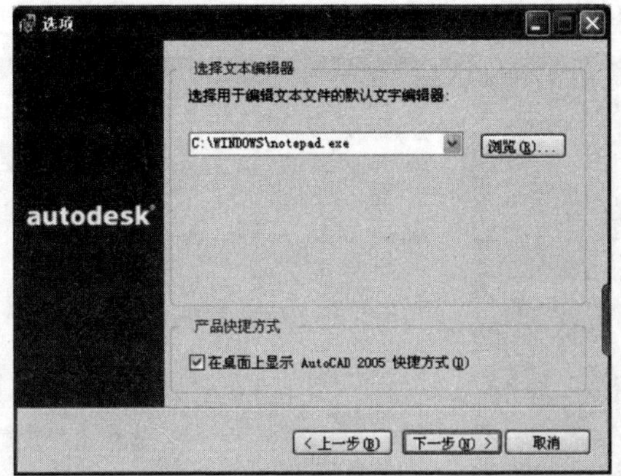

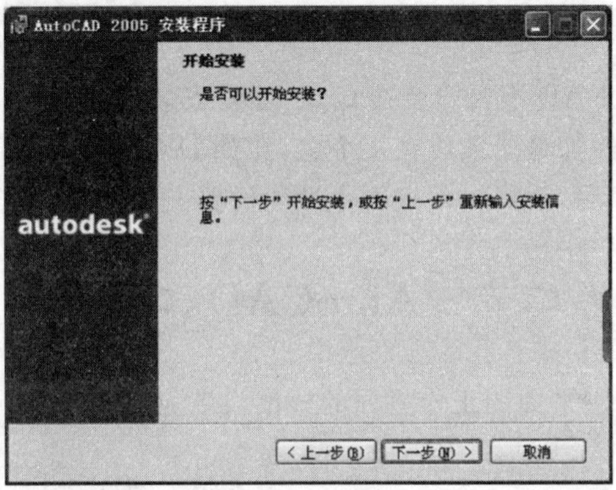

图 2-10

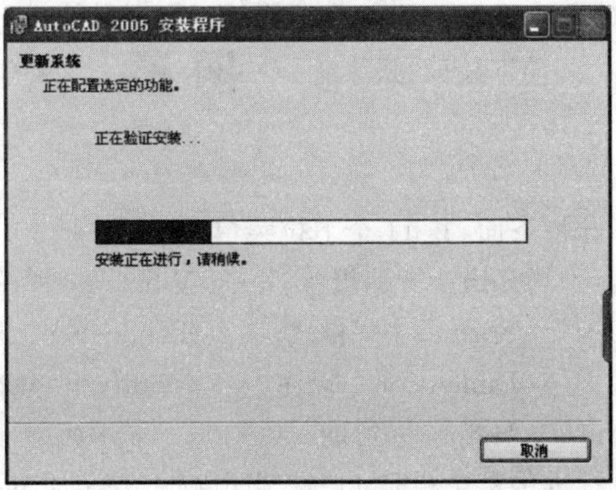

(11) 单击“完成(F)”,完成安装。

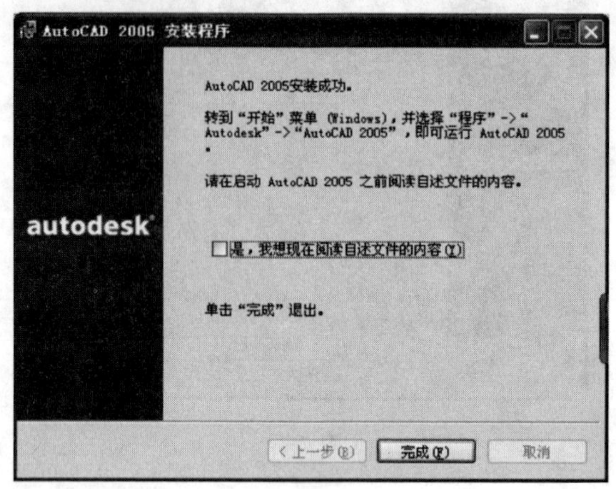

图 2-11

提示:建议 AutoCAD 不要安装在 C 盘,通常安装在 D 盘上,即不要和系统混杂在一起(一般应用软件都是单独放在一个盘,比如 D 盘)。

安装并注册成功后,最好立即进行个性化设置,这样使用起来会得心应手。

第二节　AutoCAD 工作界面

用 AutoCAD 绘制平面图工作界面的标准设置,如图 2-12 所示。

一、标题栏

标题栏在屏幕的顶部,如图 2-12 所示。显示软件名称、图形文件的工作路径及名称,后缀为.dwg(如:Drawing1.dwg)。右侧是三个工具按钮:

最小化——　　向下还原/最大化——/　　关闭——

二、菜单栏

菜单栏紧接在标题栏下面,共 11 个下拉菜单。

File——文件　　Edit——编辑　　View——视图

Insert——插入　　Format——格式　　Tools——工具

Draw——绘图　　Dimension—标注　　Modify——修改

Windows——窗口　　Help——帮助

提示:AutoCAD 标准的菜单栏是 11 个,当电脑中安装了其他软件时,有时会自动增加一些其他的菜单栏,如 Acrobat 标记(C)、Adobe PDF(B)等,学习时可以不用理会。

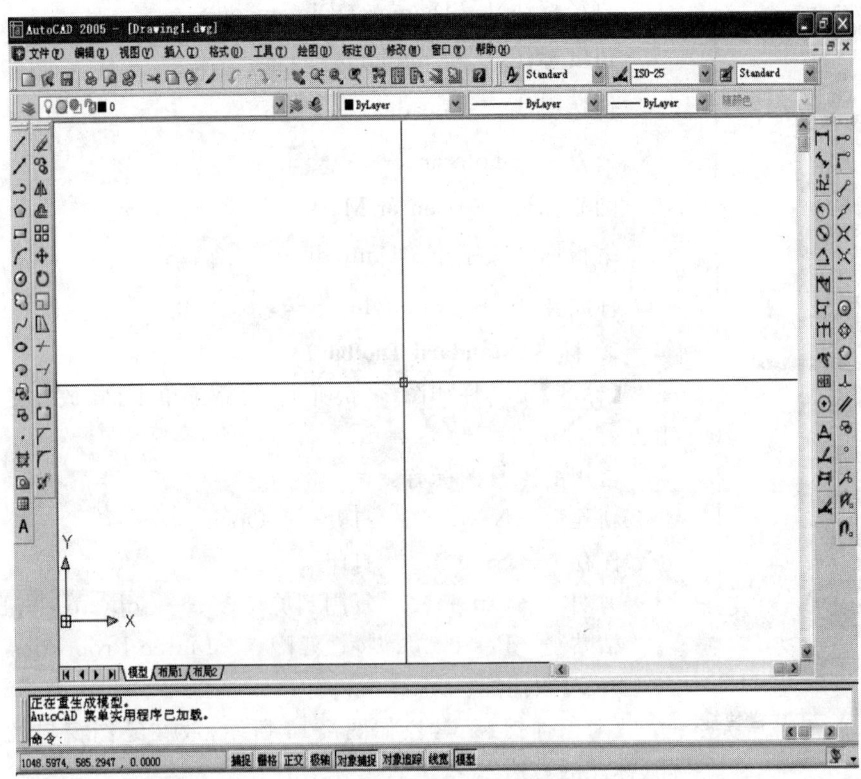

图 2-12 平面图工作界面

三、工具栏

工具栏在菜单的下面和屏幕的两侧(可以拖动到屏幕的任意位置或隐藏)。

操作方法:将光标移至任一工具按钮图标上,单击鼠标右键。弹出快捷菜单,共30个选项,如图 2-13 所示。勾选在屏幕上弹出的工具条,拖动至适当位置。常用的工具栏有 8 个:

标注、标准、对象捕捉、对象特性、绘图、图层、修改、样式。

提示:为了使 AutoCAD 界面简单明了、操作方便,选取绘制平面图必须的 8 个工具栏,并按图 2-12 所示放在适当的位置,其他的工具栏一律关闭。

1. 标注(Dimension)

【标注】工具栏如图 2-14 所示,放在绘图窗口的右边,便于标尺寸时直接点选所需的工具图标。常用的工具图标有:

线性标注——Linear——

对齐标注——Aligned——

半径标注——Radius Dimension——

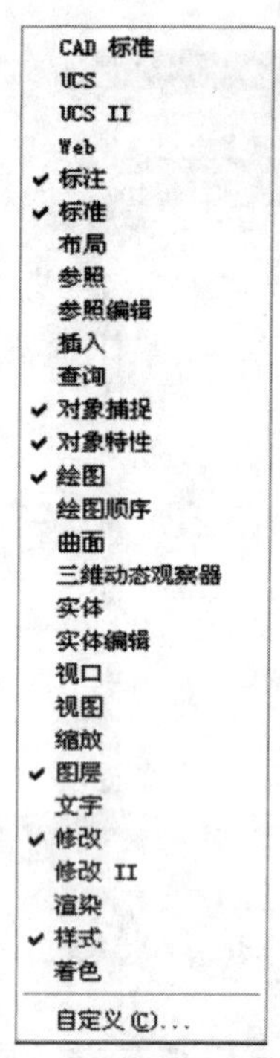

图 2-13 工具栏快捷菜单

直径标注——Diameter Dimension——

角度标注——Angular——

快速引线——Leader——

公差——Tolerance——

圆心标记——Center Mark——

编辑标注文字——Dimtedit——

标注样式——Dimstyle——

2. 标准(Standard Toolbar)

【标准】工具栏如图 2-15 所示，紧靠菜单下面、放在绘图区上方。

常用的工具图标有：

新建——New　　打开——Open

保存——Save　　打印——Print

剪切——Cut　　复制到剪切板——Copy to Clipboard

粘贴——Paste　　特性匹配——Match Properties

3. 对象捕捉(Object Snap)

【对象捕捉】工具栏如图 2-16 所示，放在绘图窗口的最右侧(标注的右边)。

图 2-14 【标注】工具栏

图 2-15 【标准】工具栏

常用的工具图标有 3 个：

中点——Midpoint　　切点——Tangent　　垂足点——Perpendicular

其他捕捉点在“菜单【工具】→草图设置”中设置，详见本章第三节中的“草图设置”。

提示：“对象捕捉”在绘图时经常要使用，尤其是一些复杂的绘图及尺寸标注，往往需要通过它来完成，带有较强的技巧性，没有快捷方式，所以放在窗口的最右侧，便于用鼠标点选。

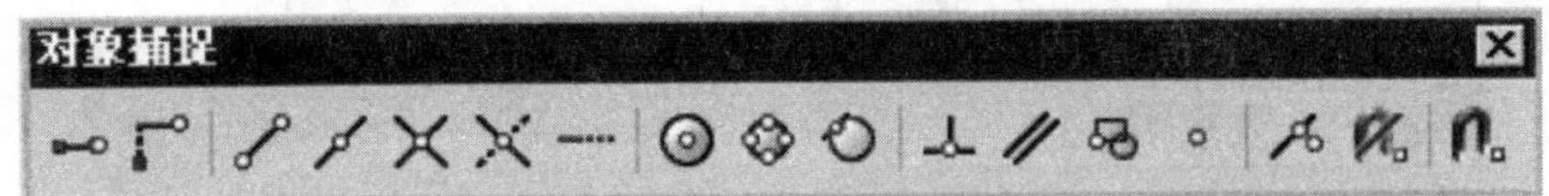

图 2-16 【对象捕捉】工具栏

4. 对象特性(Object Properties)

【对象特性】工具栏如图 2-17 所示,放在绘图窗口的正上方。在 AutoCAD 2007 中,称为“特性”。

【对象特性】通常都设定为 ByLayer。包括:

颜色——Color　　线型——Linetype　　线宽——Lineweight

图 2-17 【对象特性】工具栏

提示:ByLayer——随层,ByBlock——随块。

在绘图时,所有图线的颜色、线型和线宽都要设置为“ByLayer”,目的是使图形和所设置的图层特性相一致,否则图层形同虚设,起不到应用的作用。

5. 绘图(Draw)

【绘图】工具栏如图 2-18 所示,放在绘图窗口的左侧,一般情况使用键盘输入快捷键。

偶尔使用的工具图标有:

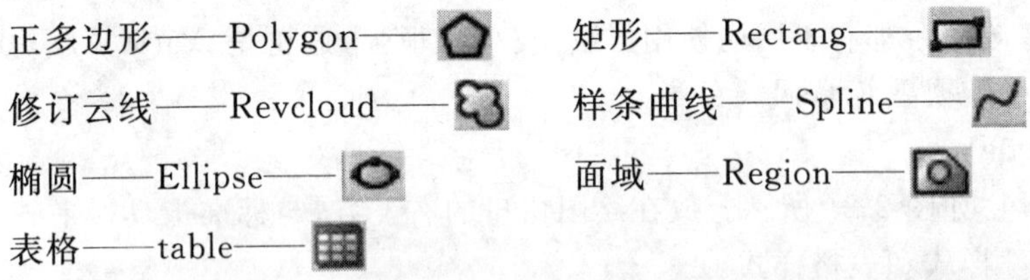

正多边形——Polygon——　　矩形——Rectang——

修订云线——Revcloud——　　样条曲线——Spline——

椭圆——Ellipse——　　面域——Region——

表格——table——

图 2-18 【绘图】工具栏

6. 图层(Layer)

【图层】工具栏如图 2-19 所示。默认层有:

0 层——细实线层　Defpoints——参考层

提示:点击最左边的图标 (图层特性管理器),可以对图层进行设置,初学时,一定要熟练掌握,图层是学习 AutoCAD 的重点。图层工具栏放在绘图界面的左上

图 2-19 【图层】工具栏

方，便于对图层进行设置与操作。

7. 修改(Modify)

【修改】工具栏如图 2-20 所示。放在绘图窗口的最左侧。一般情况下尽量不使用工具图标，而用快捷键可大大提高绘图速度。包括：

E——删除	CO——复制	MI——镜像	O——偏移
AR——阵列	M——移动	RO——旋转	SC——比例
S——拉伸	LEN——拉长	TR——修剪	BR——打断
EX——延长	CHA——倒直角	F——倒圆角	X——分解

图 2-20 【修改】工具栏

提示：修改工具栏共有 16 个命令，都有快捷键，使用非常频繁，绘图时要求全部使用快捷键，而尽量不要直接用鼠标去点选图标，这样会影响绘图速度，这也是把它放在最左侧的原因。

通常每个修改命令都有不同的使用方法，技巧性很强，这也是 AutoCAD 功能强大的表现，所以一定要熟练掌握。

8. 样式(Style)

【样式】工具栏如图 2-21 所示。放在绘图窗口的右上方，与标准工具栏平齐。包括文字样式、尺寸样式和表格样式。

图 2-21 【样式】工具栏

提示：在进行标注时要经常使用样式工具栏，故放在绘图界面的右上方。

四、绘图区

绘图区是最大的空白窗口，也称为视窗。

(1) 绘图区没有边界，绘图时最好不要设置边界，以免约束绘图范围。

(2) 使用视窗缩放功能 Z,可使绘图区无限增大或缩小。

(3) 视窗的右边和下边分别有两个滚动条,可使视窗上下或左右移动。

(4) 左下角有坐标系图标,绘平面图时可隐藏,如图 2-22 所示。

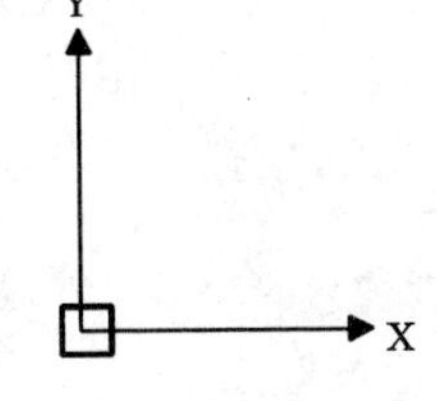

图 2-22　坐标系图标

设置方法:点击菜单【视图】→显示→UCS 图标→开

提示:有些书上讲到绘图前要进行边界设置,这实在是一种错误的方法,会给绘图带来不必要的麻烦,简直是作茧自缚,误导读者。所以,只有学通 AutoCAD,才能真正体会它的优越性。

五、命令窗口

命令窗口在绘图区的下方,由命令行和命令历史记录窗口组成,如图 2-23 所示。

(1) 命令行(Command):用于显示从键盘输入的内容。

(2) 命令历史记录窗口:显示用过的命令及提示信息。

(3) 技巧:

① 绘图时,应特别注意这个窗口,要时刻注意命令输入情况,并根据命令提示进行下一步的操作。

② 其行数一般设为 3,可将光标移至该窗口上边框处,按住左键上下拖动。

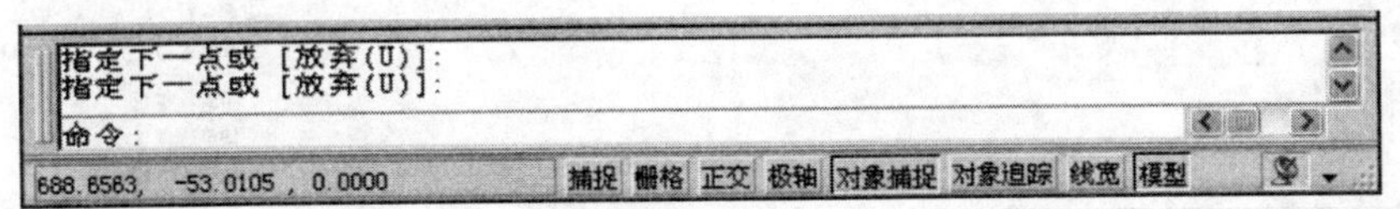

图 2-23　命令窗口

六、状态栏

状态栏位于工作界面的最下部,如图 2-24 所示。

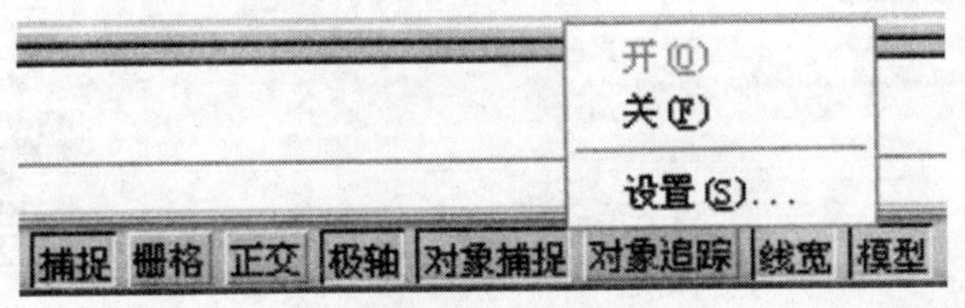

图 2-24　状态栏

左边:显示当前十字光标所处的三维坐标(X,Y,Z)。

中间:辅助工具的开关。包括【捕捉】、【栅格】、【正交】、【极轴】、【对象捕捉】、【对象追踪】、【线宽】、【模型】。

设置方法:(1) 点击菜单【工具】→草图设置。

(2) 将光标移至这些开关按钮上右击，弹出快捷菜单→设置。如图 2-24 所示。

提示：在绘图时，有时出现鼠标操作不灵等现象，往往是不小心改变了辅助工具的开关，检查一下状态栏，就可解决问题。

第三节 AutoCAD 系统配置

在新安装的 AutoCAD 界面下，一定要进行系统配置。标准化设置是精通 AutoCAD 的捷径。

一、选项

1. 启动方法

可通过以下几种方式，打开【选项】对话框，如图 2-25 所示。

(1) 快捷键 OP(或 PR)；

(2) 点击菜单【工具】→选项，如图 2-26 所示；

(3) 将光标移至命令窗口单击鼠标右键→选项；

(4) 鼠标右键单击状态栏辅助工具→设置。

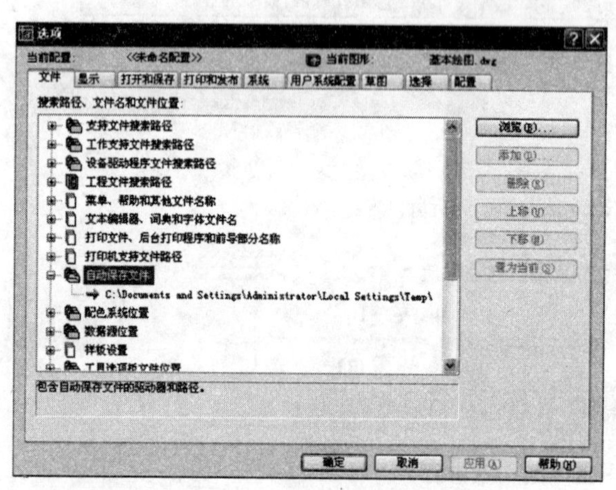

图 2-25 【文件】选项卡

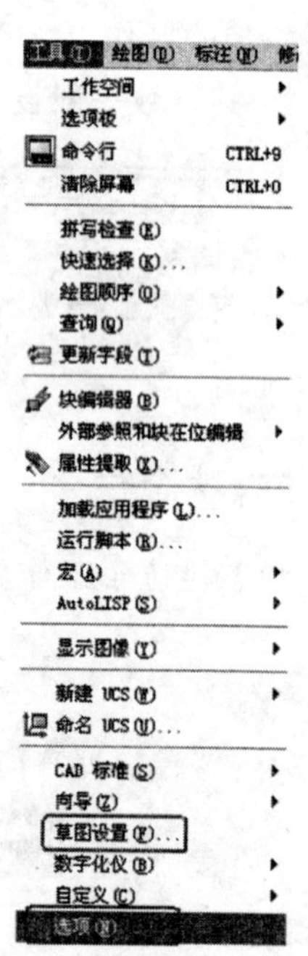

图 2-26 【工具】下拉菜单

2. 选项卡

选项卡包括文件、显示、打开和保存、打印和发布、系统、用户系统配置、草图、选择、配置。

3. 常用设置

(1) 设置【文件】选项卡，如图 2-25 所示。

技巧：恢复没来得及保存的文件。

操作步骤：

① 查找 Temp 的路径。如 C:\Documents and Settings\Administrator\Local Settings\Temp；

② 在 Temp 文件夹中，找到未保存的备份文件(后缀为.tmp)；

③ 把后缀改为.dwg，双击就可以打开。

(2) 设置【显示】选项卡，如图 2-27 所示。

十字光标大小：5→100

显示精度/圆弧和圆的平滑度：100→20000

提示：十字光标大小取 100，类似手工图板绘图的丁字尺，有利于绘图时各视图之间的“长对正、高平齐、宽相等”。

显示精度取最大值 20000，使圆弧的显示最光滑，如果圆弧的显示为多边形，只要输入命令 RE，图形再生一次即可。

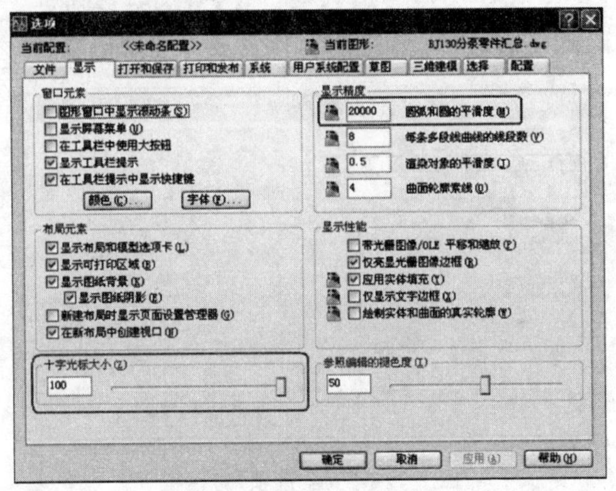

图 2-27　【显示】选项卡

(3) 设置【打开和保存】选项卡，如图 2-28 所示。

设置：□自动保存间隔分钟数(如图示设置→10)

取消：□每次保存均创建备份

提示：设置“自动保存间隔分钟数”为 10，即每 10 分钟自动保存一次，自动覆盖，避免因电脑死机等原因造成没有及时存盘的现象，设置间隔应根据具体情况而定。

取消“每次保存均创建备份”，即取消产生垃圾文件。

技巧：

① 给 AutoCAD 文档设置密码。

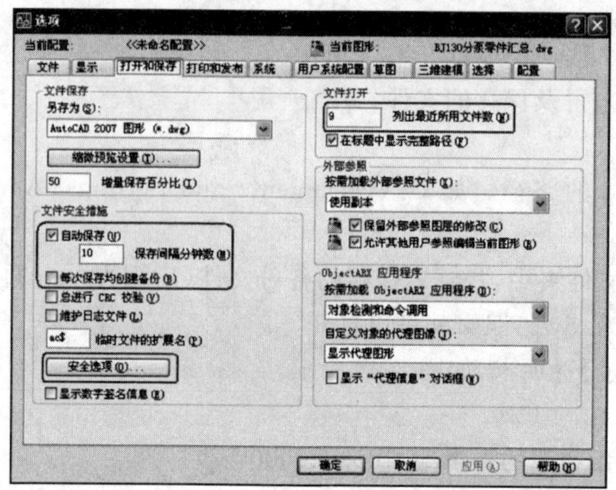

图 2-28 "打开和保存"选项卡

操作步骤:点击【安全选项】→弹出对话框,如图 2-29 所示。

② 设置【文件打开】:"窗口"菜单栏中列出了最近文件所用数,在标题中显示完整路径。

提示:设置密码要谨慎,如果忘记密码,则需要专业解码软件,才能打开文件。

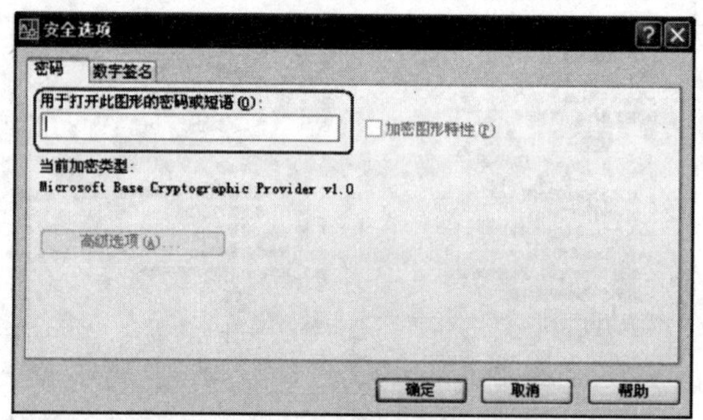

图 2-29 "安全选项"对话框

(4) 设置【用户系统配置】选项卡,如图 2-30 所示。

Windows 标准:取消勾选。

□Windows 标准加速键;

□绘图区域中使用快捷菜单(M)。

提示:取消以上两个勾选,可以大大提高鼠标的操作速度,如果不取消,则鼠标每按一下右键,都会弹出确认小菜单,如图 2-31 所示。需要确认后才能进行下一步操作,这样就增加了不必要的操作,严重降低了绘图速度,所以,一定要把勾选取消。

(5) 设置【草图】选项卡,如图 2-32 所示。

设置:自动捕捉标记大小、靶框大小。

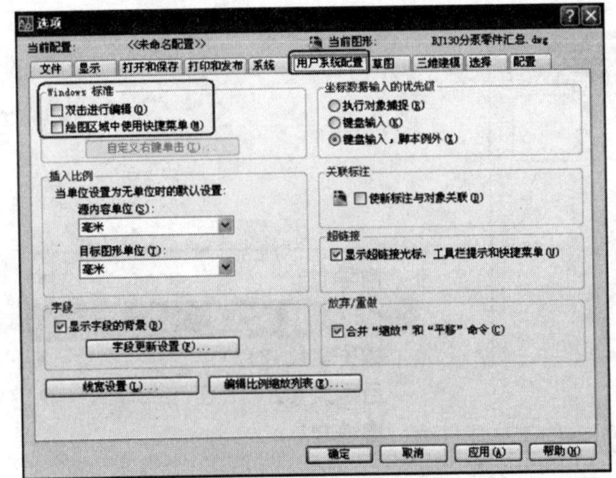

图 2-30　右击小菜单

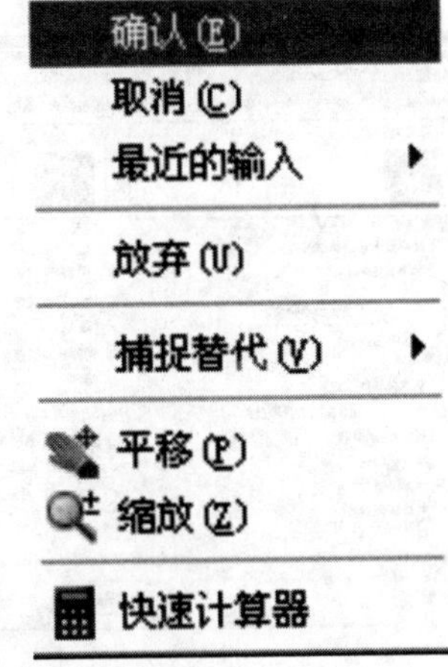

图 2-31　【用户系统配置】选项卡

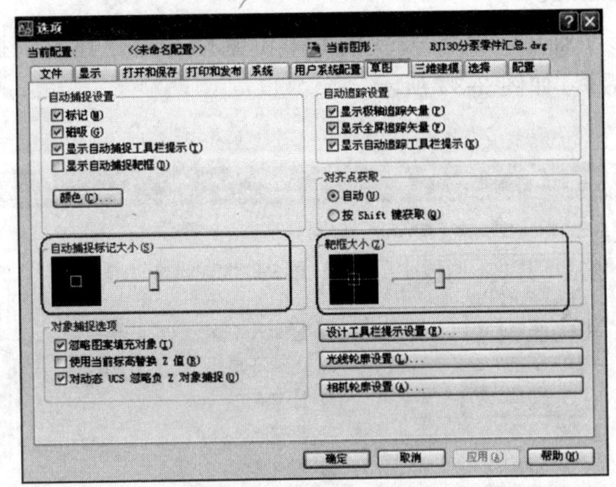

图 2-32　【草图】选项卡

提示：设置大小要适宜，太小不易捕捉、太大会产生错乱。

(6) 设置【选择】选项卡，如图 2-33 所示。

设置：拾取框大小、夹点大小。

提示：夹点有“冷点”和“热点”之分。单击图线，会出现“冷点”，它是起激活图线的作用，不能对图线进行编辑，所以用蓝色表示。再单击“冷点”，就变成“热点”，可进行拖动，能够编辑，所以，“热点”设置为红色。通常用于拉伸直线。

二、草图设置

1. 启动方法

(1) 点击菜单【工具】→草图设置，如图 2-26、图 2-34 所示。

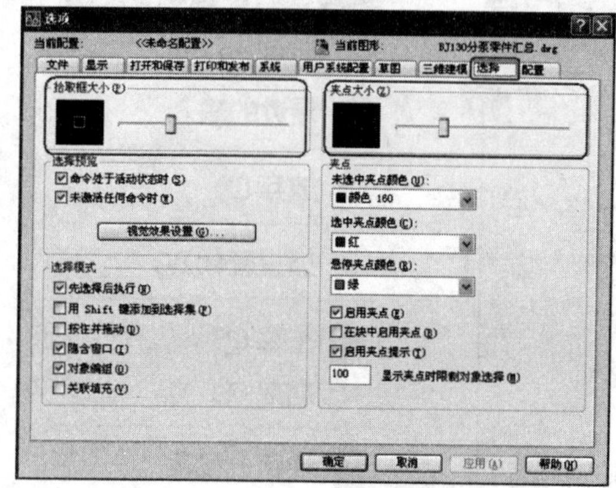

图 2-33 【选择】选项卡

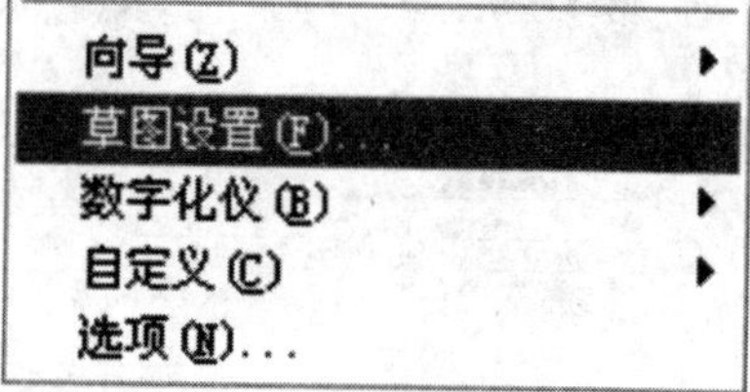

图 2-34 【草图设置】的菜单命令

(2) 命令 Dsettings。

(3) 将光标移至辅助工具开关按钮上单击鼠标右键。弹出快捷菜单→设置;弹出【草图设置】对话框,如图 2-35 所示。

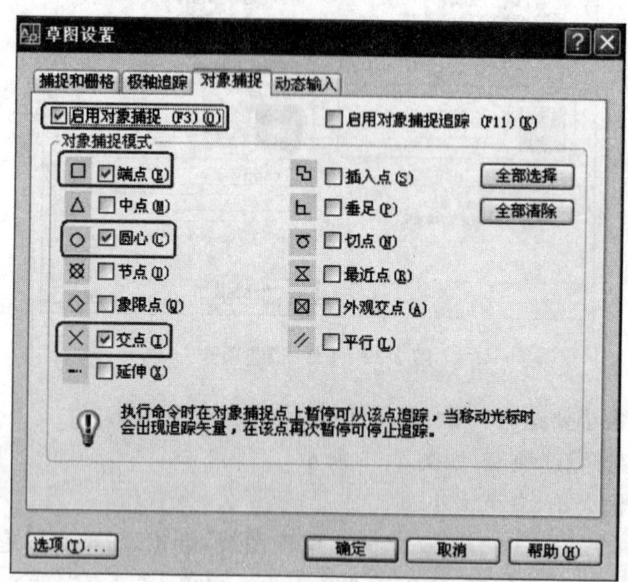

图 2-35 【草图设置】对话框

2. 设置【对象捕捉】

在【对象捕捉】模式中只勾选"端点、圆心、交点"三项。

3. 技巧

(1) 在【对象捕捉模式】中选的点太多，极容易造成混乱。

(2) 初学者往往在此极容易出问题，故一定要按标准设置。

(3) 状态栏中的【捕捉】不能打开，否则鼠标移动不灵活。

提示：在作图时，自动捕捉端点、圆心、交点，可以准确绘图，但如果还自动捕捉其他的点，则极容易错误捕捉，给作图造成麻烦。

对于作图时要捕捉其他特殊点，则可利用放置在绘图窗口右侧的“对象捕捉”工具栏，如图 2-12 所示。

第四节　AutoCAD 图层设置

在绘图时，把同类图形放在一个图层中，从而实现对图形的分类管理，可大大提高绘图效率，简化对图形的编辑。图层是一个很重要的内容，在绘图中起到非常重要的作用，是学习 CAD 的重点和难点，一定要好好掌握。

绘图时一定要养成设置图层的良好习惯，并且设置的图层一定要少而精，掌握图层的关键是进行标准化设置，否则极易产生混乱，给作图带来麻烦。

图层，其实学起来很简单，用起来也很方便。但许多书上讲得很复杂也没讲明白，使学习者根本不知道如何去用它，真正用好图层的人也不多见，这是学习技能型知识的常见现象。

一、启动方法

(1) 快捷键 LA。

(2) 图标 (白色)。

(3) 格式(Format)→图层(Layer)。

弹出【图层特性管理器】对话框，如图 2-36 所示。

二、图层特性管理器 Layer Properties Manager

1. 三个常用按钮：新建图层、删除图层、置为当前

(1) 新建图层 ：单击该按钮、创建一个新图层。

(2) 删除图层 ×：删除被选中图层(呈高亮度显示)。

0 层、Defpoints 层、当前层和含有实体的图层不能删除。

(3) 置为当前 ✔：把选中的图层设为当前层。

提示：直接点击新建图层的图标，再进行名称、颜色、线型和线宽的设置。

2. 图层的属性：名称、颜色、线型、线宽、打印样式

(1) 名称：采用英文名称，并标准化，有利于简化设置。

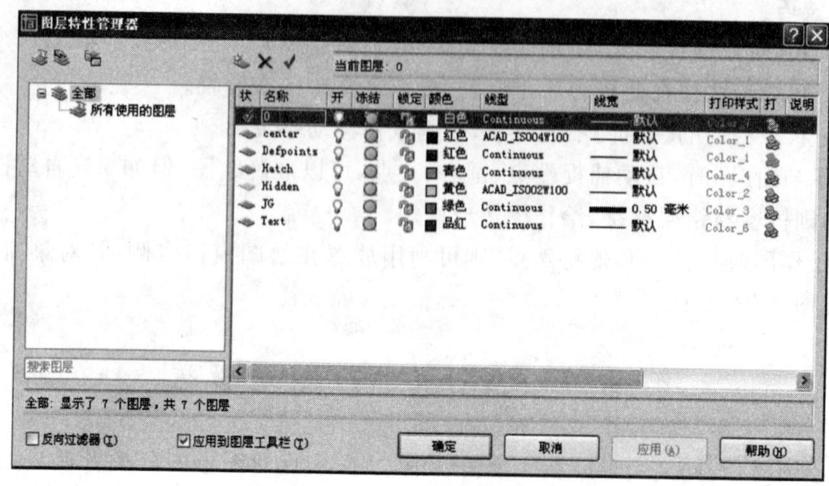

图 2-36 【图层特性管理器】对话框

0——细实线层：主要用于标题栏中的细线及文字、螺纹中的细线等；

center——点画线层：主要用于中心线；

Defpoints——不打印层（参考层）：用于图框的最外面的边界框，以确定打印范围，所以不需要打印。

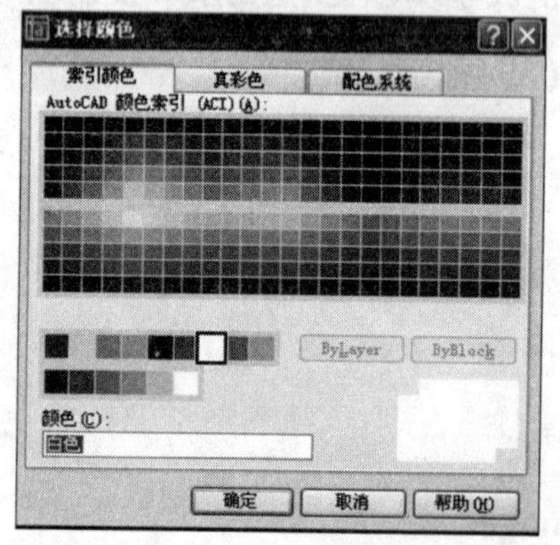

图 2-37 【选择颜色】对话框

Hatch——剖面线层：用于画剖面线；

Hidden——虚线层：用于画虚线；

JG——粗实线层（加工层，取“加工”拼音的前一个字母，机械加工工艺图中的需要加工的图线用粗实线表示，故用 JG 代表粗线层）：用于画粗实线、图框、标题栏外框等；

Text——文本层：用于标注尺寸，所有的尺寸标注都放在这个图层。

（2）颜色：双击【颜色】下的任一颜色，弹出【选择颜色】对话框，如图 2-37 所示。

提示：

① 尽量不要在【索引颜色】中选颜色，一般选用最常用的几种颜色，简化颜色设置，简洁明了，便于对图层进行有效的管理。

② 常用颜色有如下几种。

0 层——白色　center——红色　Defpoints——红色　Hatch——青色

Hidden——黄色　JG——绿色　Text——品红

规定各个图层的颜色，有利于见到什么颜色就知道是属于哪个图层，对提高绘图水平有很大帮助。

(3) 线型:双击【线型】下任一线型,弹出【选择线型】对话框,如图 2-38 所示。

点击【加载】,弹出【加载或重载线型】,加载所需的线型,如图 2-39 所示。

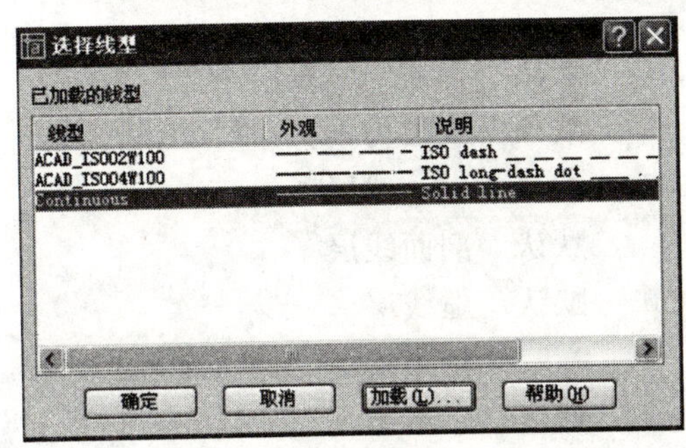

图 2-38　【选择线型】对话框

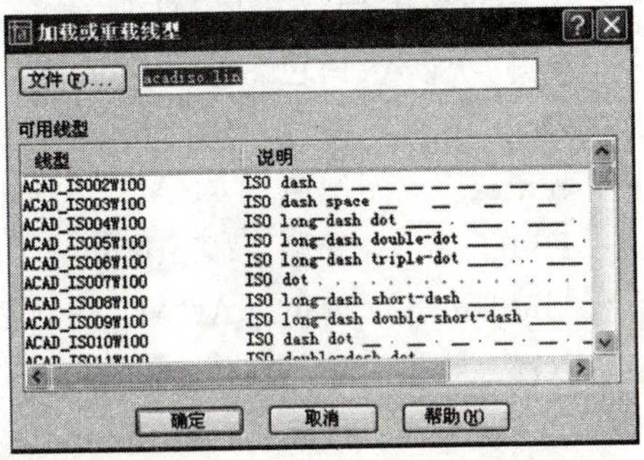

图 2-39　【加载线型】对话框

常用的三种线型:

实线——Continuous

点画线——ACAD_ISO04W100

虚线——ACAD_ISO02W100

提示:点画线的特点是点-横-点-横……机械制图中标准点画线应该是“ACAD_ISO04W100”。

点画线和虚线的间隔可在“特性”工具栏的线型项中设置。

(4) 线宽:除粗实线设置为 0.5 之外,其余全设置为默认。

① 【默认】设置:菜单 Format→线宽,弹出【线宽设置】对话框,如图 2-40 所示。

② 点击 JG 线宽值,弹出【线宽】对话框,选取线宽值 0.5。

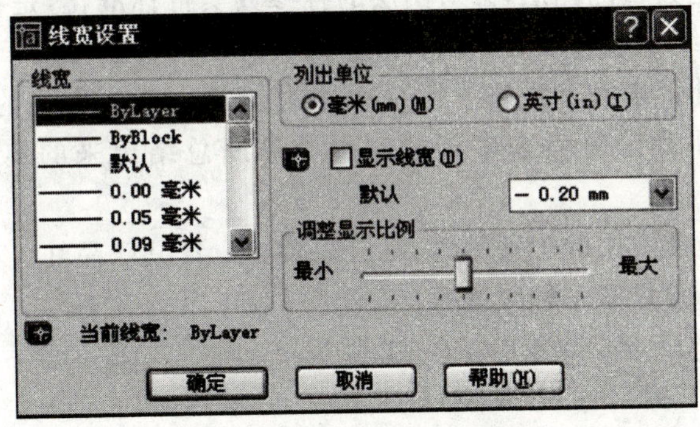

图 2-40　【线宽设置】对话框

3. 图层的八个状态:开/关、锁/解锁、冻结/解冻、打印/不打印。

提示:一般使用“开/关”,即打开或关闭图层,显示图层内容或隐藏,方便同类图形的修改,在装配图中用于不同零件的修改。

三、常用图层

一般设置七层，如图 2-41 所示。

0　白色　Continuous　默认　普通细实线层
Defpoints　白色　Continuous　默认　该层为不打印层(不能打印)
center　红色　ACAD_ISO04W100　默认　中心线层
Hatch　青色　Continuous　默认　剖面线层
Hidden　黄色　ACAD_ISO02W100　默认　虚线层
JG　绿色　Continuous　0.5　粗实线层(加工层)
Text　品红　Continuous　默认　文本层

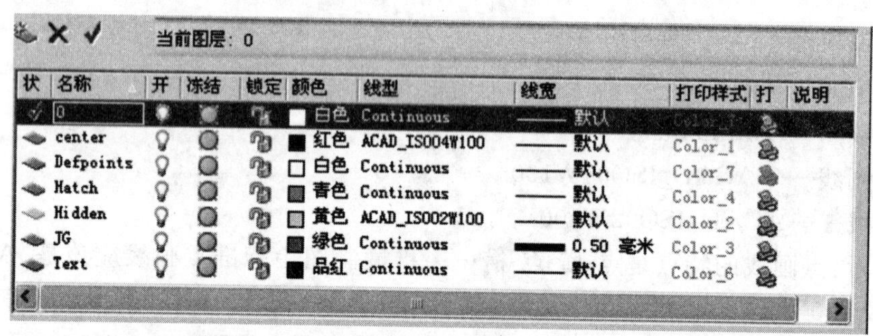

图 2-41　常用图层

四、技巧

合理设置一定数量的图层，并对图层的各参数实行标准化，是精通 AutoCAD 的必由之路，对于后续图形的绘制和编辑十分便利。初学者往往难于理会其中的含义，结果给绘图和设计带来许多意想不到的麻烦，甚至遇到无法解决的难题。所以务必领会其中精髓。下列是笔者在多年的实践中不断总结出来的实用有效的设置方法。

(1) 颜色　选择常用的七种颜色：红、白、黄、绿、青、蓝、品红。

(2) 线型　通常只需三种线型。

虚线——ACAD_ISO02W100

点画线——ACAD_ISO04W100

实线——Continuous

(3) 线宽　设置下列值为默认值，打印效果较好。

细线——0.20(默认值)　　粗实线——0.50

(4) 随层　绘图时把对象特性都设置为 ByLayer。各图层中的图形特性就和该图层的特性一致，可简化设置和便于修改。

(5) 设置点画线或虚线的间距。

点击工具栏中的【对象特性】→线型控制(下拉窗)→【其他...】,如图 2-42 所示。

图 2-42　线型控制

然后弹出【线型管理器】对话框,如图 2-43 所示。

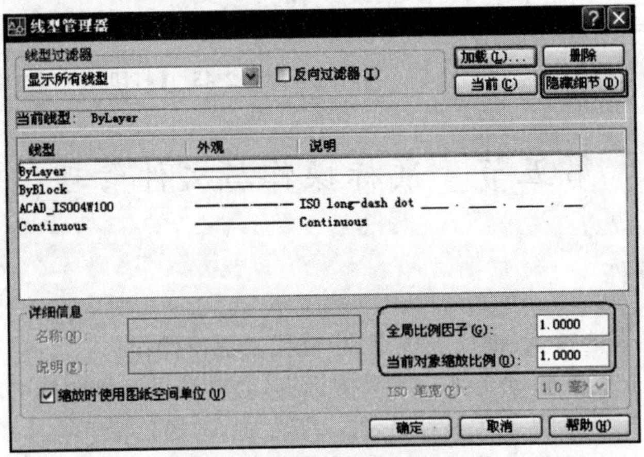

图 2-43　【线型管理器】对话框

最后修改【全局比例因子(G)】的数值 1.0000 。

(6) 打印　打印黑白图纸时,把所有需要打印的图形的颜色都改为:随块(ByBlock)。

操作步骤:框选所有图形→点击工具栏中的对象特性→颜色控制→选取 ByBlock,如图 2-44 所示。

ByLayer→ByBlock

提示:打印范围的设置。

利用图框的最外框线顶点,作为打印【窗口】的捕捉点。由于外框线设置在 Defpoints 层,该层内的图形不能被打印,所以外框线不会打印出来,这就是为什么把外框线放置在 Defpoints 层的根本原因,这比使用布局来打印要方便灵活得多。

点击【标准】工具栏上的打印图标,进入打印界面,如图 2-45 所示。

打印步骤:选择打印机→选择【图纸尺寸】→点击【窗口(O)<】→选取图纸的打印范围→勾选【布满图纸(I)】→确定图纸方向→预览→确定。

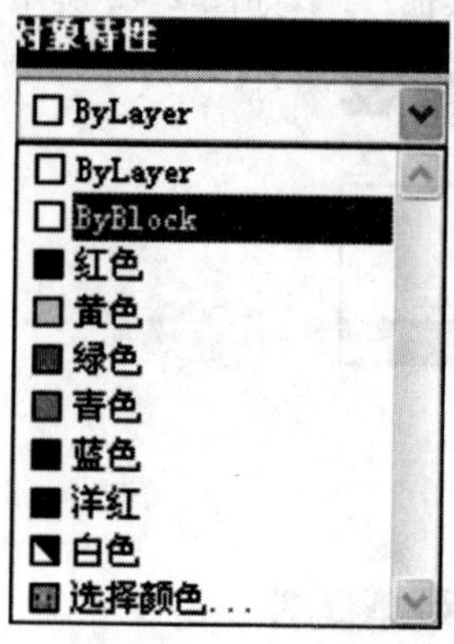

图 2-44　颜色控制

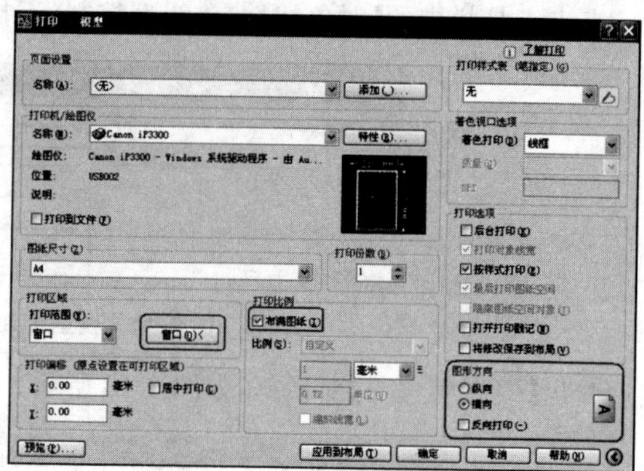

图 2-45　【打印-模型】对话框

第五节　鼠标操作与文件管理

一、鼠标操作

鼠标左键代表选择、右键代表确定、中键代表视窗操作。

(1) 指向　把光标移动至某一工具图标上，会自动显示该图标名称。

(2) 左击　把光标指向某一对象，按一下左键，选择目标。

(3) 右击　按一下鼠标右键，结束目标选择或重复上一次的操作命令。

(4) 双击　把光标指向某一对象或选项，快速按两下鼠标左键。启动命令或打开一个应用程序窗口，如双击 AutoCAD 图标打开 AutoCAD。

(5) 拖动　在某对象上按住左键，移动鼠标至适当位置再释放左键。

主要用于动态平移 P(Pan)，或移动工具条到适当位置。

提示：绘图时，两手操作要分工明确。右手操作鼠标，左手操作键盘，左手的大拇指在命令输入后敲击空格键，所以，空格键也相当于“确认”、“输入”的作用。

二、文件管理

文件管理新建文件夹、保存、另存为、复制到剪贴板、粘贴。

1. 新建文件夹

打开 →本地磁盘(如 F:)→创建新文件夹 →输入文件夹名称。

2. 保存(Save)

可以把图形保存在新建文件夹下，以原名称保存。

没有取名的文档(Drawing1. dwg)，将打开[图形另存为]对话框。

3. 另存为(Save as)

以另一名称保存，原来图形依然存在。

4. 剪切(Cut)

复制到剪贴板——Copy to Clipboard

粘贴——Paste

5. 技巧

(1) 新画一幅图时,可以打开一幅完整的图形(包含各项设置),把它另存为要绘的图的名称,这样可以省略许多不必要重复的设置,如图层、工作界面、捕捉和尺寸标注设置等,而原图依然不会改变。

(2) 各界面之间图形调用,可以先把图形复制到剪切板,再打开另一界面,把图形从剪贴板中调出,比用插入命令 I 更方便,还可用于不同软件之间的编辑,如 Word。

本章小结

一、AutoCAD 的安装

建议不要去盲目追求最新版本,只要把一个版本用熟就可以,以后不论如何升级,都是差不多的,否则会增加学习难度。安装相对比较简单,通常安装在 D 盘,安装完成后,按要求进行注册就可以了。

二、AutoCAD 工作界面

一定要对绘图界面进行标准化设置,这样可以尽快熟悉和掌握 AutoCAD 软件,同时可以大大提高绘图效率。把常用的 8 个工具栏放在适当的位置,多余的则全部关闭,可以使界面简单实用。

三、AutoCAD 系统配置

“磨刀不误砍柴工”,开始绘图前进行系统配置,是非常必要的准备工作,否则会带来许多不必要的麻烦。

系统设置看起来很复杂,实际上只要设置几个地方,所以一定要牢记,并熟练掌握!

四、图层设置

图层是 AutoCAD 中一个非常重要的内容,在简单图形的绘制时体现得不是很明显,但对于复杂图形,则可大大提高效率。一般的书讲得比较含糊,学起来比较困难,其关键就是没有进行标准化设置。

一般的机械零件图最多只需要 7 个图层就足够了。图层只要够用,越少越好!把每一种类型的图线放在一个图层,这样可以简化图层设置,缩小图形文件的大小,同时提高绘图效率。

图层标准化设置,有利于图形之间的调用,避免重复设置,而不必每次画新的图形都要设置图层;还可以为打印出图减少不必要的麻烦。

五、鼠标操作与文件管理

鼠标操作要力求灵活,在 AutoCAD 系统配置中可以进行设置。

在画新图时,可以打开已画好的老图,进行另存为一个文档,可以省略各种设置,从而大大提高绘图的工作效率。

课外练习二

1. 复习思考题

(1) 为什么目前最流行的 AutoCAD 版本是 AutoCAD 2005 和 AutoCAD 2007?

提示:AutoCAD 2005 以前的版本比较低端,有些功能没有开发出来,AutoCAD 2006 和 AutoCAD 2008 都存在重大缺陷,有些常用命令无法使用,AutoCAD 2009 以后的版本过多地加入了三维绘图功能,反而觉得画平面图不太方便。

(2) 绘图前为什么一定要对 AutoCAD 工作界面进行标准化设置,这对提高绘图效率有什么好处?

(3) 简要说明 AutoCAD 系统配置的方法和步骤。

(4) 如何给 CAD 文档资料设置保护密码? 万一忘记密码,还能打开文件吗?

提示:如果忘记密码,只能用专门的解密软件进行解密。

(5) 设置"对象捕捉"时,为什么只勾选"端点、圆心、交点"三项,对快速准确绘图有什么好处?

(6) 试说明图层的设置方法和图层的作用。在绘图时为什么一定要使用图层?

(7) 为什么图层的标准化设置能提高绘图效率?

(8) Defpoints 是什么图层,为什么要打印的图形不能放在这个图层,而图框边界反而要放置在这个图层?

(9) 如何设置细线线宽和粗线线宽,它们各是多少?

(10) ByLayer 和 ByBlock 分别是什么意思? 选取所有图形之后,为什么在特性栏都要显示为 ByLayer,图形才算正确? 而在打印普通黑白图纸时,为什么要在颜色特性栏改为 ByBlock?

(11) 如何改变虚线和点画线的间隔大小?

(12) 命令行的行数为什么通常设置为 3?

(13) 绘图时,有时鼠标好像被吸在界面上,操作起来不灵活,应如何解决?

(14) 绘图时,为什么不要设置绘图边界,它对绘图会产生哪些不利影响?

(15) 坐标系图标在绘图时为什么要隐藏起来?

(16) 突然停电或电脑死机,前面画的图能还原吗? 应如何设置?

(17) 右击时会弹出快捷菜单是怎么回事? 它会影响绘图速度吗? 应如何进行

设置?

(18) 为什么要把标注工具栏放置在绘图窗口的右边?

(19) 为什么用快捷键绘图,还要把绘图工具栏放在绘图窗口的左边?

(20) 如何设置拾取点和夹点的大小?

2. 绘图题:用 AutoCAD 绘制下列图形

(1) 卡紧垫片(δ=1.2,材料:65Mn),如图 2-46 所示。

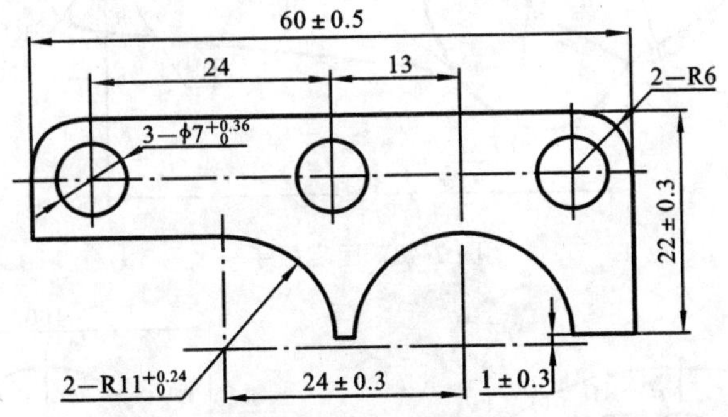

图 2-46　卡紧垫片

(2) 端盖板(δ=2,材料:Q235A),如图 2-47 所示。

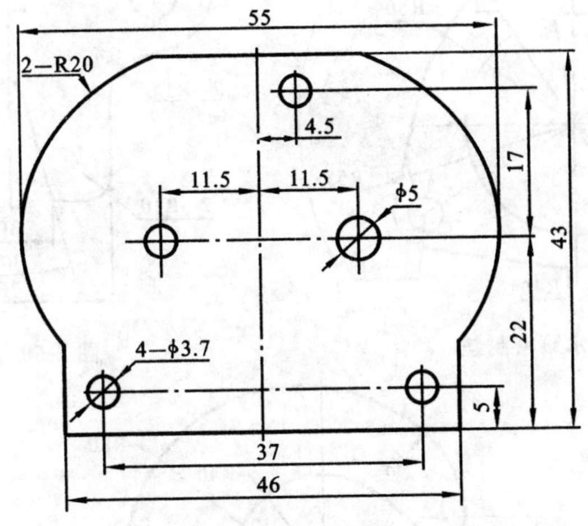

图 2-47　端盖板

(3) 固定扳手(材料:T10A),如图 2-48 所示。

(4) 水泵密封垫(δ=1,材料:软钢纸板),如图 2-49 所示。

(5) 样板(δ=1.5,材料:Q235),如图 2-50 所示。

(6) 座钩平面图,如图 2-51 所示。

(7) 三通管(材料:PVC),如图 2-52 所示。

(8) 塑料按钮(材料:改性聚苯乙烯),如图 2-53 所示。

提示:R1.8 的圆弧同时要与 R34 圆弧、尺寸 3.5 右端的竖直线相切。

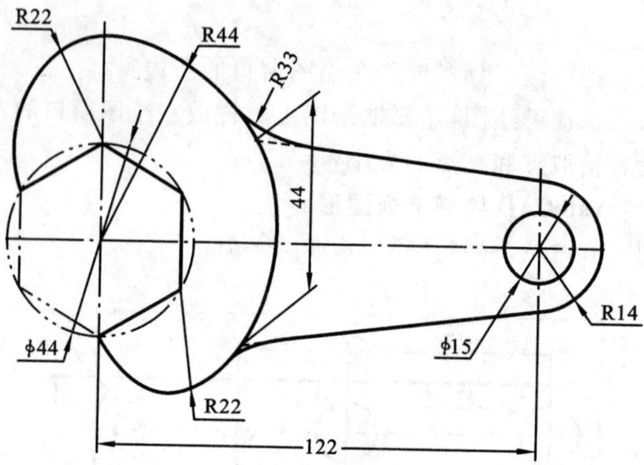

图 2-48　固定扳手

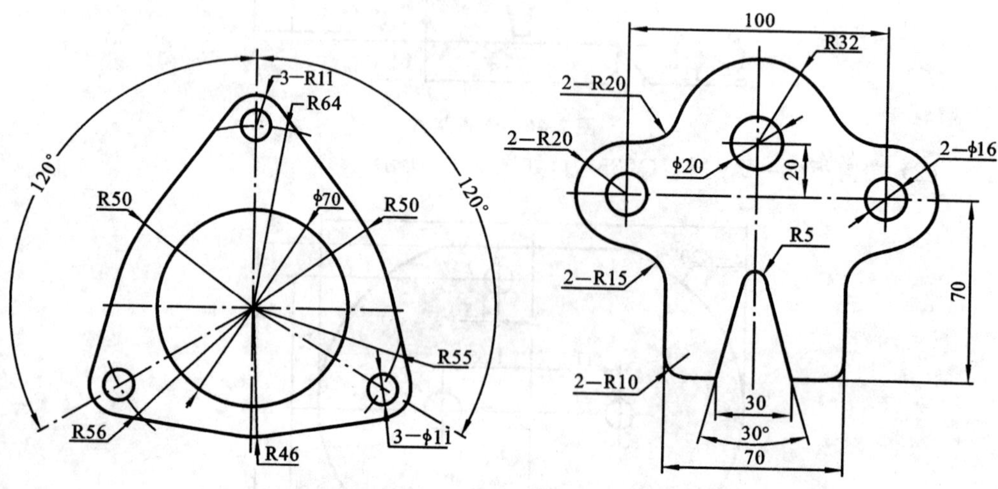

图 2-49　水泵密封垫

图 2-50　样板

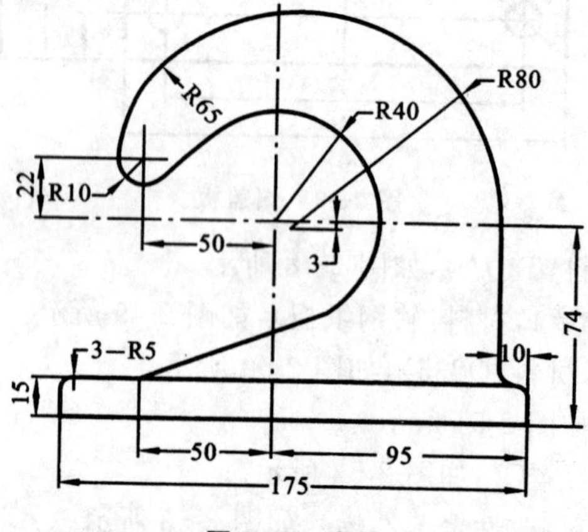

图 2-51　座钩

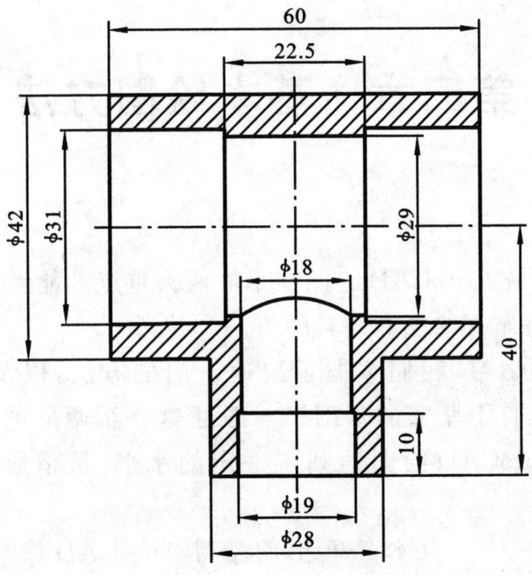

图 2-52　三通管

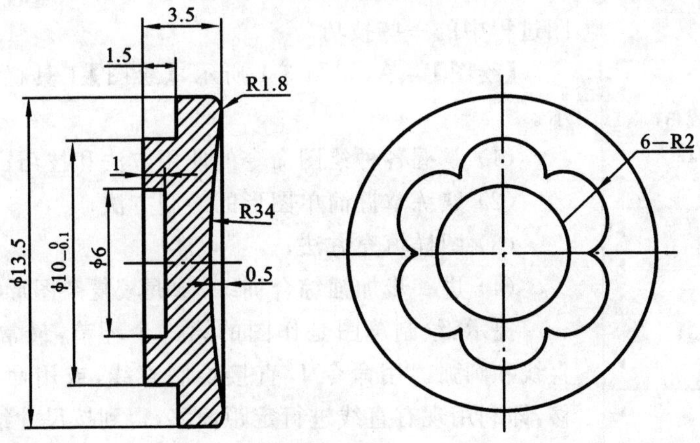

图 2-53　塑料按钮

第三章　基本绘图方法

本章提示

绘制与编辑图形是 AutoCAD 绘图技术的两大重点。能够灵活、准确、高效地绘制图形，关键在于熟练掌握绘图和编辑的方法和技巧。

通过前面两章的学习，我们掌握了快速入门的方法，以及绘图知识与环境设置，为学好 AutoCAD 打下坚实的基础。一般通过一至两周的训练，熟练掌握前两章所学知识，利用 AutoCAD 绘图达到了一定的水平，是精通 AutoCAD 的前提和基础。

从本章开始，将学习 AutoCAD 作图的一些高级技巧，使之能精通 AutoCAD，并成为一个真正的高手。

本章主要介绍绘制基本图形实体的方法和命令，以及作图过程中的一些技巧。

【绘图】菜单，如图 3-1 所示，【绘图】工具栏，如图 3-2 所示。

(1) 掌握各种绘图命令的使用方法和技巧；

(2) 熟练掌握简单图形的绘制方法；

(3) 图样填充方法；

(4) 进一步加强综合训练，掌握较复杂图形的绘制。

提示：绘制草图是作图的第一个环节，最常见的是绘制直线和圆弧。用命令 L 直接绘制直线，或用命令 O 进行偏移，即利用现有直线进行定距偏移，得到按尺寸绘制的图形。

用命令 C 绘制圆弧，通常要确定圆心和半径，也可用双键命令 F-R，利用倒圆角的方式来画圆弧。

每种图形的绘制方法都不是唯一的，通常有多种方法，要根据不同的情况，使用不同的方法来画图。

要多练习，真正掌握各种技巧，并注意总结绘图经验，这样就能迅速提高绘图水平。

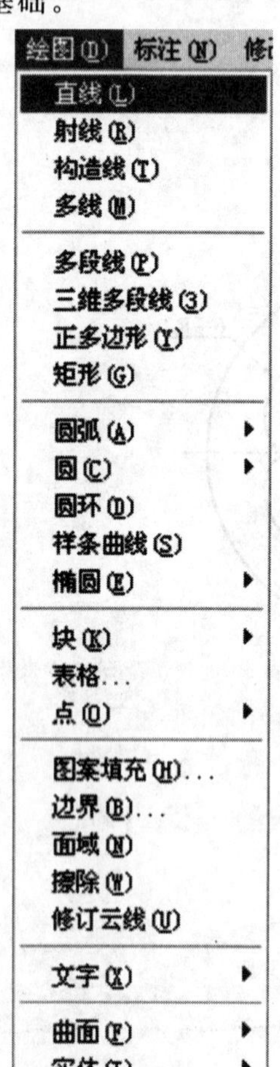

图 3-1　【绘图】下拉菜单

图 3-2　【绘图】工具栏

第一节 绘制线段

所有的图形都可认为是由直线和圆弧组成的，所以绘图关键在于熟练掌握直线和圆弧绘制的各种方法和技巧。

直线是图形中最常见、最简单的实体，也是种类和变化最多的实体。两点决定一条直线，由起点和终点来确定，用鼠标或键盘来决定其起点和终点。

本节把各种线的画法归纳在一起，都可认为是由起点和终点来确定的。

一、直线 Line——L：绘制直线

1. 启动方法

快捷键 L、【绘图】工具栏图标、菜单 Draw→Line。

2. 命令行

L LINE(空格键、Enter 键或点击鼠标右键(以下简称右击)

Line specify first point： 指定第一点(点击鼠标左键(以下简称左击)，在屏幕上选一点)：

Specify next point or[undo]： 指定第二点(把鼠标移到合适位置，左击)：

3. 操作步骤

L→左击→左击→右击

4. 技巧

(1) 正交(Ortho on)、不正交(Ortho off)，按 F8 则在“正交”与“不正交”之间切换，即画直线和斜线。

(2) 在正交状态下，直接输入数值可画水平或竖直定值线段，鼠标沿某方向移动一定距离后直接输入数值，该技巧还可用于 M、CO、MI、S 等命令中。

(3) 画一定角度(与水平线的夹角)的定长斜线，可利用极坐标。如：@30＜45、@30＜－45 等，30 表示斜线的长度，45 表示与水平线(方向向右)的夹角，正值是逆时针方向，负值是顺时针。

(4) 绘切线：L→指定直线的第一点，点选绘图窗口最右侧【对象捕捉】中的图标(捕捉到切点)→把鼠标移至圆弧上，显示切点标记，说明已捕捉到切点，左击，再画下一点。

(5) Esc 键：在键盘的左上角，输入任何命令前要用左手习惯性地按一下 Esc，终止前面未完全结束的命令，防止新输入的命令受到干扰。

5. 实例

例 3-1 已知五角星的边长为 100，试作出图形，如图 3-3 所示。

提示：本图例至少有十种以上的绘图方法，可利用画五角星来训练直线的不同绘

图方法，以熟练掌握直线的画法。

方法一：先用 L 正交画定长直线，再用 RO 旋转一定角度。

操作步骤：如图 3-4 所示。

(1) 绘三条相连且垂直的直线，长度为 100。

L→(正交)→100→100→100→右击

(2) 旋转二条竖直线，左边一根旋转 54°，右边一根旋转 −54°。

RO→54→右击(完成左边竖线旋转)→右击→−54→右击

(3) 绘二条竖直线，长度为 100。

L→(正交)→100→右击(完成一条直线)→右击→100→右击

(4) 旋转二条竖直线，左边一条为 −18°，右边一条为 18°

RO→−18→右击(完成左边竖线旋转)→右击→18→右击

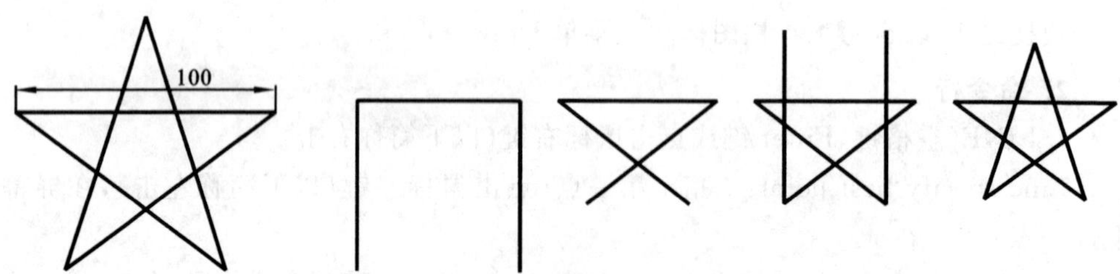

图 3-3 五角星　　图 3-4 利用旋转法绘制五角星

方法二：利用极坐标绘制。

操作步骤：如图 3-5 所示。

L→100→@100<−144→@100<72→@100<−72→@100<144

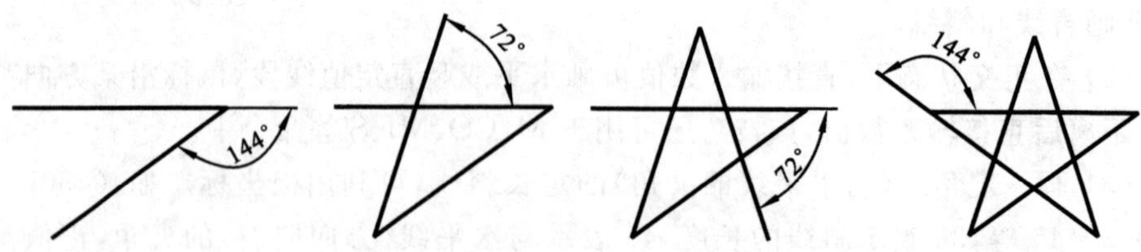

图 3-5 利用极坐标法绘制五角星

方法三：利用命令 POL 作正五边形，连接五个顶点，再用 SC 把边长缩放至 100。(略)

思考：是否还有其他方法？如利用 MI、EX 等命令作图。

二、无限长线 Xlin→XL：绘无限长直线

1. 启动方法

快捷键 XL、图标 、菜单 Draw→Construction Line。

2. 命令行

XL XLINE

Specify a point or[Hor/Ver/Ang/Bisect/Offset]： 指定点或[水平(H)/垂直(V)/角度(A)/二等分(B)/偏移(O)]：

3. 操作步骤

画水平线：XL→H→点击(水平线的位置)→右击(结束命令)

画竖直线：XL→V→点击(竖直线的位置)→右击(结束命令)

4. 技巧

(1) 常用来作辅助线，一般使用 XL 画水平或竖直辅助线。

(2) XL-H、XL-V 要熟练到视为一个完整的命令。

5. 实例

例 3-2　根据圆柱底座轴测图(见图 3-6)来绘制投影视图，如图 3-7 所示。

操作步骤：如图 3-8 所示。注意利用无限长线找切点的投影，学习用 AutoCAD 绘轴测图。

(1) 用 L 绘两个十字线。

(2) 偏移：O→35→10→30。

(3) 画圆和切线：C→R→20→15→10→L→O→TR。

(4) 设置中心线、虚线和粗实线。

(5) 标尺寸。

(6) 存盘三步骤，完成绘图，如图 3-7 所示。

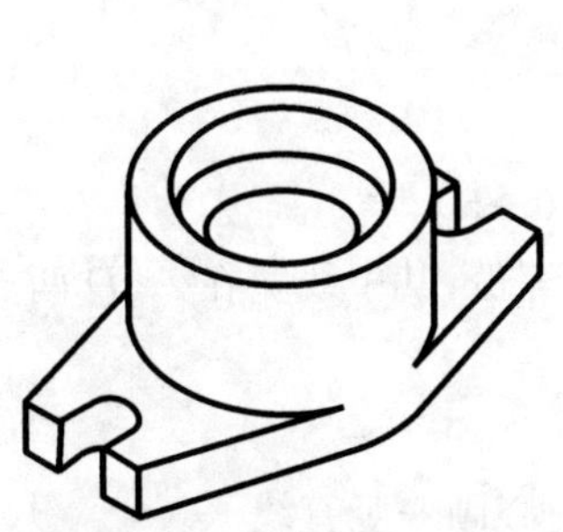

图 3-6　圆柱底座轴测图

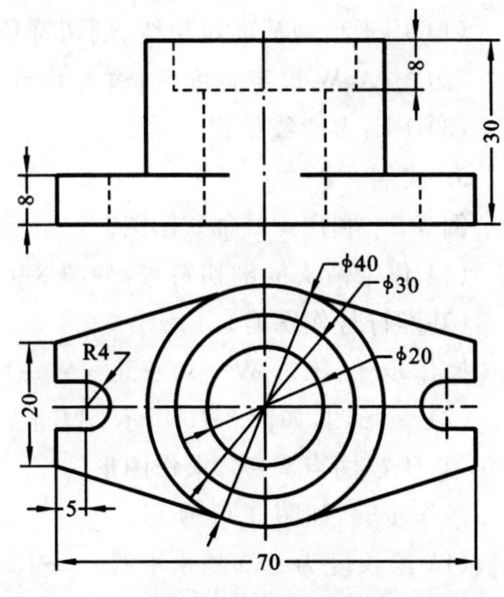

图 3-7　圆柱底座

三、多段线 Ployline—PL

这是由若干直线和圆弧连接而成的折线或曲线，是一个实体。

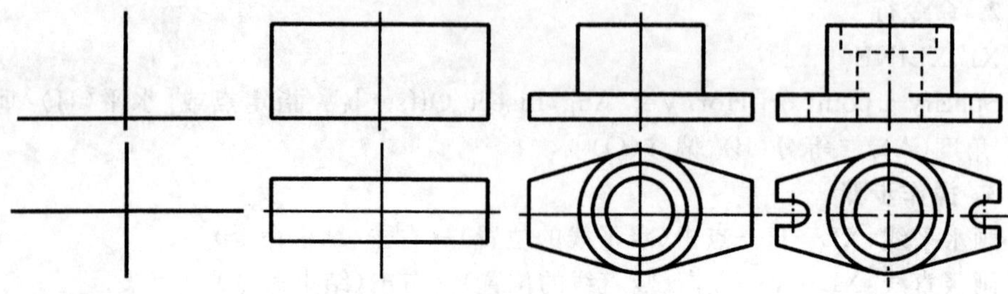

图 3-8 圆柱底座绘制过程

1. 启动方法

快捷键 PL、图标 、菜单 Draw→Ployline。

2. 命令行

Specify start point：指定起点：

Current line width is 0.0000：当前线宽为 0：

Specify next point or[Arc/Close/Half Width /Length /Undo/Width]：

指定下一点或[圆弧(A)/闭合(C)/半宽(H)/长度(L)/放弃(U)/宽度(W)]：

3. 操作步骤

例如，画箭头 (长 10，宽 5)

PL→左击→W→5→0→10→(正交 F8)→右击

4. 技巧

(1) 用于绘制基准短粗线、剖切符号、特殊箭头等图形；

(2) 输入 W 设定宽度值，输入 C 首尾闭合；

(3) PE：多段线编辑。

5. 实例

例 3-3 利用 PL 命令作图。

(1) 作带箭头的剖切符号，如图 3-9 所示。

(基准符号作图略)

操作步骤：PL→W→10→50→W→1→50→W→20→0→50

(2) 鱼形图，如图 3-10 所示，*AB* 长 150，并等分为四等份，其中线宽在 *A*、*D* 两点为 0，在 *B*、*C* 两点为 10，求作图形。

操作步骤：如图 3-11 所示。

(1) 绘长度为 150 的水平线：L→150(正交)→捕捉中心画一竖直线。

(2) 四等份直线：O→35。

(3) 从 *A* 点作上面圆弧：PL→W→0→10→A→W→10→0。

(4) 从 *A* 点作下面圆弧：PL→W→0→10→A→W→10→0。

(5) 删除辅助线，存盘，完成绘图。

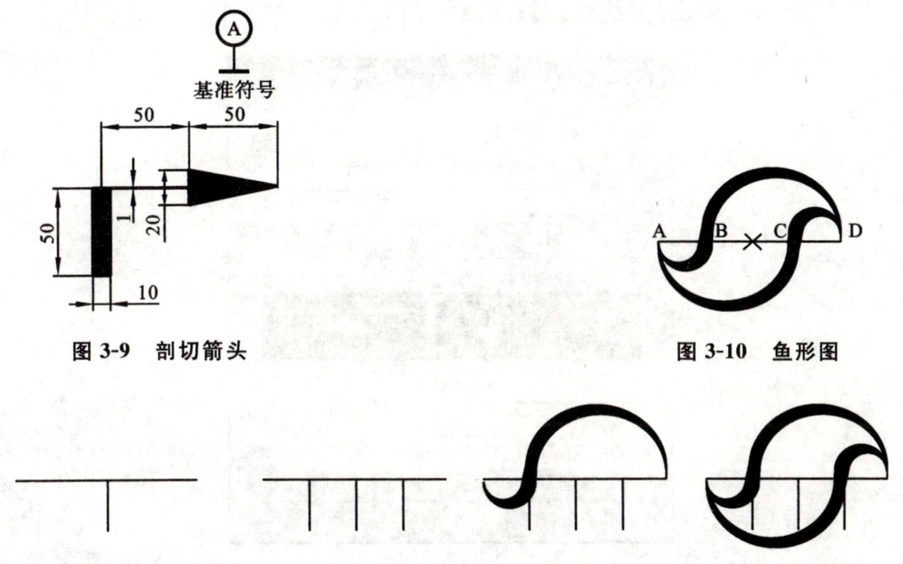

图 3-9　剖切箭头　　图 3-10　鱼形图

图 3-11　鱼形图绘制过程

四、多线 Mutiline—ML:绘制平行的复合直线

1. 启动方法

快捷键 ML、菜单 Draw→Mline。

2. 命令行

ML MLINE

Current settings:Justification＝TOP,Scale＝20.00,Style＝STANDARD:

当前设置:对正＝上,比例＝20.00,样式＝STANDARD:

Specify start point or[Justification/Scale/Style]:　指定起点或[对正(J)/比例(S)/样式(ST)]:

Specify next point:指定下一点:

Specify next point or[Undo]:　指定下一点或[放弃(U)]:

Specify next point or[Close/Undo]:　指定下一点或[闭合(C)/放弃(U)]:

3. 操作步骤

ML→左击→左击→左击→右击

4. 技巧

设定图线的间距步骤为

(1) ML→S:输入多线比例<1.00>;

(2) D→修改→主单位—测量单位比例→比例因子(E);

(3) 实际尺寸＝多线比例×比例因子;

(4) Mlstyle—弹出【多线样式】对话框，最多为 16 根线，如图 3-12 所示。

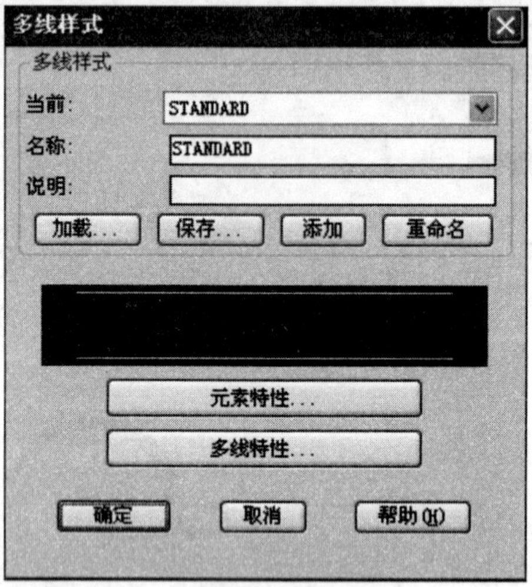

图 3-12 【多线样式】对话框

5. 实例

常用 ML 键画建筑图中的墙体，图 3-13 所示为某房屋原始结构图。

五、样条曲线 Spline—SPL：经过一系列点的光滑曲线

1. 启动方法

快捷键 SPL、图标 、菜单 Draw→Spline。

2. 命令行

SPL SPLINE

Enter fist point or[Object(O)]：指定第一个点或[对象(O)]：

next point or[Close(C)/Fit Tolerance(F)]＜Start tangent＞： 指定下一点或[闭合(C)/拟合公差(F)]＜起点切向＞：

Enter start tangent：指定起点切向：

Enter end tangent：指定端点切向：

3. 操作步骤

SPL→左击→左击(3 个点以上)→右击(3 次结束)。

4. 技巧

(1) 常用于画光滑曲线、波浪线等；

(2) 在 Pro/E 中是常用的一个命令。

5. 实例

例 3-4 在 100×25 的矩形中，绘制一条样条曲线，如图 3-14 所示。

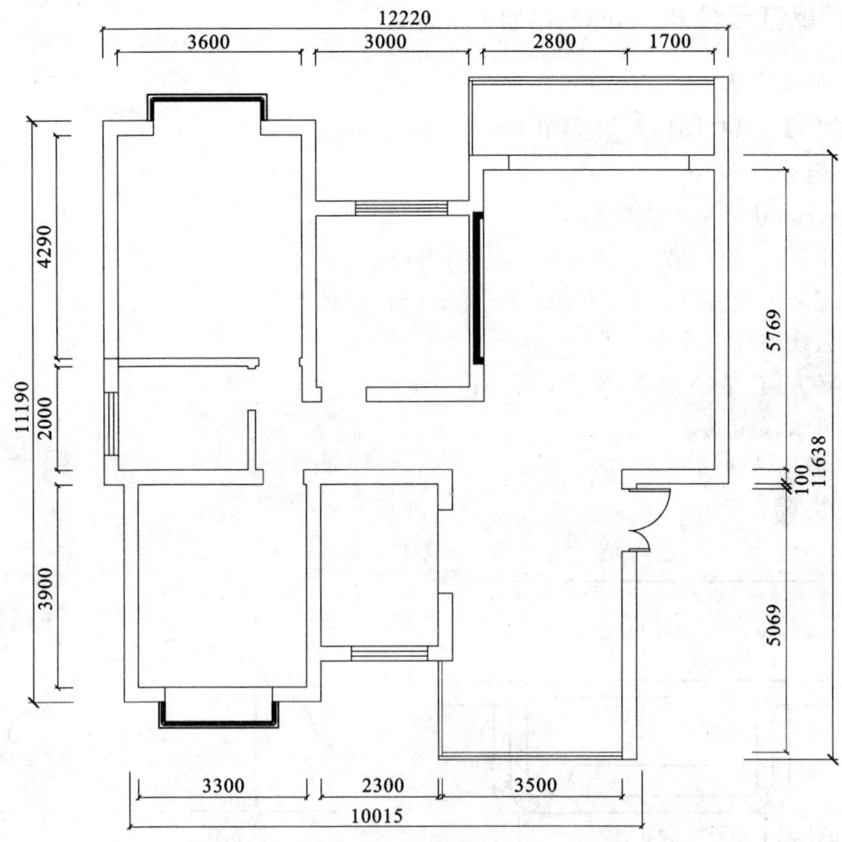

图 3-13　房屋结构图

提示：把 100 分成 11 等份，首尾各只有 11 等份长度的一半，用此方法可作正弦曲线。

提示：在画视图和剖视的分界线时，如果使用样条曲线，则在用 H 填充剖面线时，很容易出现边界错误，如图 3-15 所示。所以，有时干脆用折线代替光滑曲线，如图 3-16 所示。

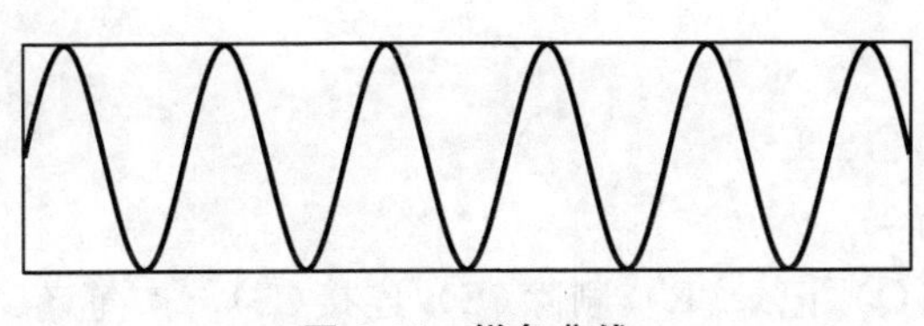

图 3-14　样条曲线

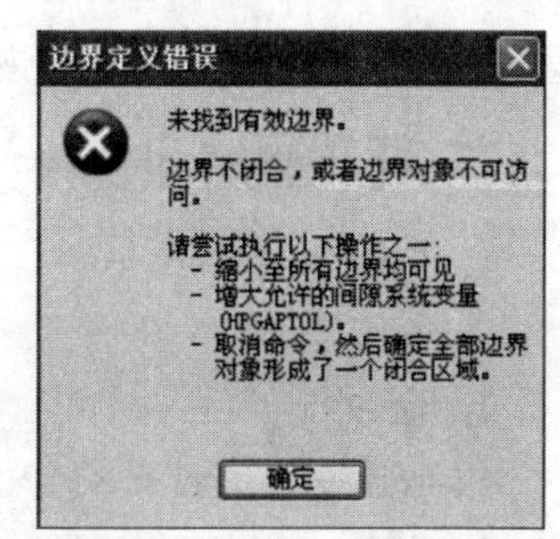

图 3-15　“边界错误”对话框

六、修订云线 Revcloud：绘制云状线

1. 启动方法

【绘图】工具栏图标 、菜单 Draw→Revcloud。

2. 命令行

_revcloud

最小弧长：15　最大弧长：15　样式：普通

指定起点或[弧长(A)/对象(O)/样式(S)]＜对象＞：

沿云线路径引导十字光标...

反转方向[是(Y)/否(N)]＜否＞：

修订云线完成。

3. 操作步骤

如图 3-17 所示。

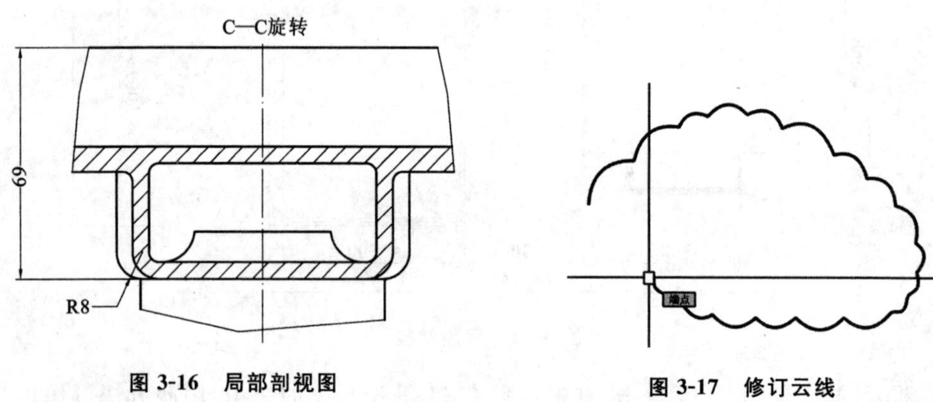

图 3-16　局部剖视图　　图 3-17　修订云线

菜单 Draw→Revcloud→左击→左击→右击，如果回到起点，自动结束。

4. 技巧

(1) 可设置弧长、样式和是否反向等；

(2) 连续自动画一定半径的圆弧；

(3) 图线占据较大的磁盘空间。

七、徒手画线 Sketch：在屏幕上移动光标画出任意形状的线条或图形

1. 启动方法

sketch。

2. 命令行

sketch 记录增量＜611.0442＞：10

徒手画：画笔(P)/退出(X)/结束(Q)/记录(R)/删除(E)/连接(C)。＜笔落＞＜笔提＞

已记录 142 条直线。

3. 操作步骤

sketch→设置记录增量(右击取默认值)

→左击(落笔)→左击(起笔)→X(结束,或直接按空格键),如图 3-18 所示。

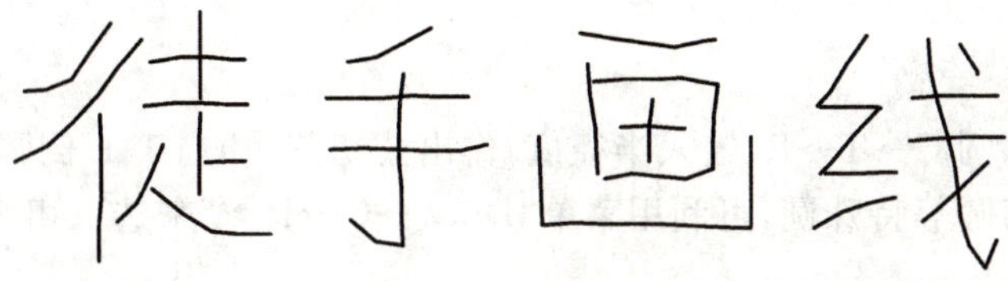

图 3-18　徒手画线

小结:直线作图的方法和技巧较多,均要熟练掌握,并能在实际绘图过程中灵活运用。

第二节　绘制圆弧曲线

圆弧曲线包括圆、圆弧、椭圆、椭圆弧等。由圆心、半径、直径、圆上的点、起点、终点等参数来控制,并可捕捉切点、象限点等参数来作图,具有较强的技巧性。

一、圆 Circle—C

圆是工程绘图中常见的基本图形,可以用来表示轴、轮、孔等。用圆心、半径、直径、或圆上的点等参数来控制画圆。最常用的画法是通过确定圆心和半径来画圆。

1. 启动方法

快捷键 C、图标 、菜单 Draw→Circle ▶,如图 3-19 所示。

Center、Radius 圆心、半径

Center、Diameter 圆心、直径

2points 两点

3points 三点

Tan、Tan、Radius 相切、相切、半径

Tan、Tan、Tan 相切、相切、相切

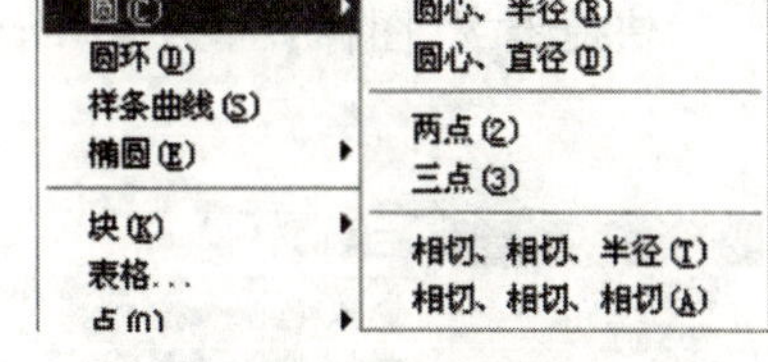

图 3-19　绘制圆菜单

2. 命令行

C CIRCLE

Specify center point of circle or[3p/2p/Ttr(tan、tan、radius)]:　指定圆的圆心或[三点(3P)/两点(2P)/相切、相切、半径(T)]:

Specify radius of circle or[Diameter]＜20.000＞:　指定圆的半径或[直径(D)]＜20.000＞:

3. 操作步骤

(1) C→左击(确定圆心)→光标移动一个距离—输入半径值→Enter(空格键或右击);

(2) C→T→左击(捕捉切点,出现标记)→左击(捕捉另一个切点)→输入半径值→Enter。

4. 技巧

(1) 作公切圆 C→T→R,输入半径值,作出公切圆(相当于 F 倒圆角不修剪);

(2) 作三切圆等特殊圆,可利用菜单“Draw→Circle ▶”来选取相应项目。

5. 实例

例 3-5 绘制表面粗糙度符号,如图 3-20 所示。

操作步骤:如图 3-21 所示。

(1) 作两条互相垂直的直线:L→5→10。

(2) 旋转两直线:RO→30→30。

(3) 用 C→T→R→2 画切圆。

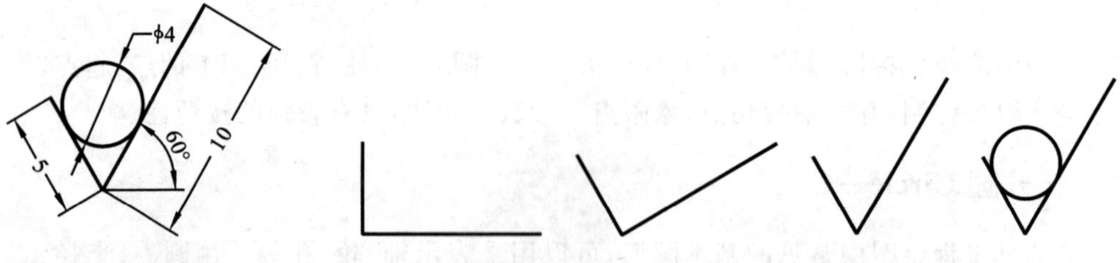

图 3-20 粗糙度符号 **图 3-21 粗糙度符号绘制过程**

二、圆弧 Arc—A:用起点、方向、中心、包角、终点、弦长等控制点画圆弧

1. 启动方法

快捷键 A、图标 、菜单 Draw→Arc ▶,如图 3-22 所示。

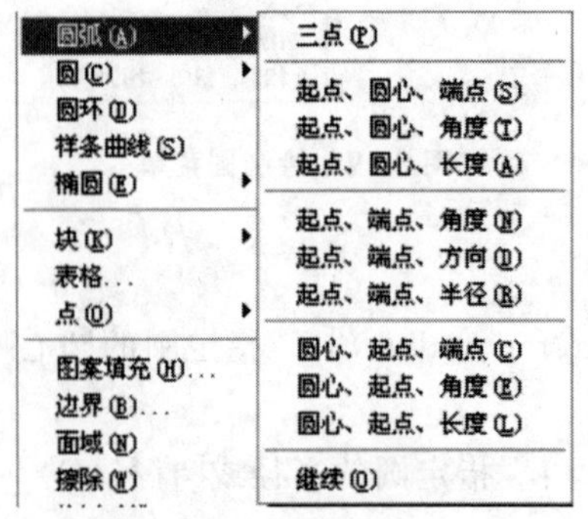

图 3-22 绘制圆弧菜单

2. 命令行

A ARC

Specify start point of Arc or [Center]: 指定圆弧的起点或[圆心(C)]:

Specify second point of Arc or [Center(C)/Endpoint(E)]: 指定圆弧的第二个点或[圆心(C)/端点(E)]:

Specify Endpoint point of Arc: 指定圆弧的端点:

3. 操作步骤

A→左击→左击→左击

4. 技巧

(1) 特殊圆弧可运用菜单“Draw→Arc ▶”来选择合适的方式；

(2) 缺省方式：3Points(起点、第二点、终点)。

5. 实例

例 3-6 绘制起重钩，如图 3-23 所示。

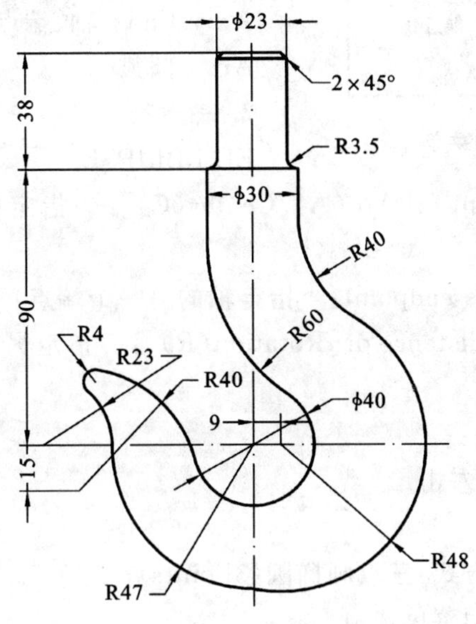

图 3-23 起重钩

操作步骤：如图 3-24 所示。

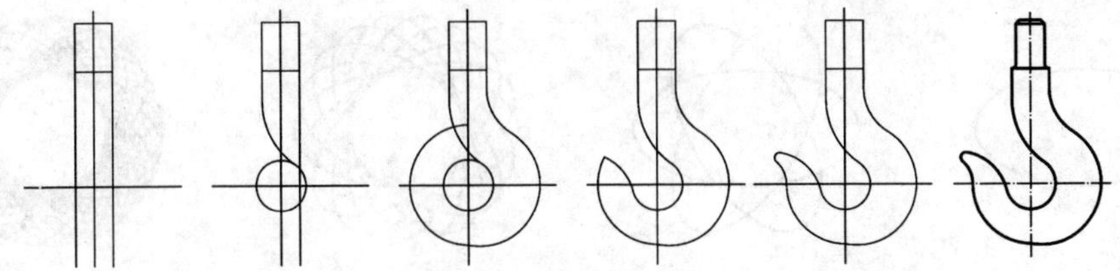

图 3-24 起重钩绘制过程

(1) L→十字线→O→90→38→15→TR。

(2) C→20→C→T→60→TR。

(3) C→47→0→9→C→48→C→T→40→TR。

(4) O→15→C→60(20+40)→40→TR。

(5) C→70(23+47)→23→F→R→4→TR。

(6) O→11.5→TR→CHA→D→2→C→T→3.5。

(7) 设置图层、标尺寸，存盘完成作图。

提示：本图的关键是先作出已知圆弧(确定圆心和半径)，再作出过渡圆弧。

三、椭圆 Ellipse—EL:用中心、长轴和短轴 3 个参数来确定

1. 启动方法

快捷键 EL、图标 、菜单 Draw→Ellipse ▶,如图 3-25 所示。

图 3-25　绘制椭圆菜单

Center　中心点

Axis、End　轴、端点

Arc　圆弧

2. 命令行

EL ELLIPSE

Specify axis endpoint or[Arc(A)/Center(C)]:　指定椭圆的轴端点或[圆弧(A)/中心点(C)]:

Specify another axis endpoint:　指定轴的另一个端点:

Specify other axis distance or[Rotation(R)]:　指定另一条半轴长度或[旋转(R)]:

3. 操作步骤

EL→左击→左击→左击

4. 技巧

(1) 一般采用默认方式:三点画椭圆(3Points);

(2) 特殊椭圆可利用菜单选项。

5. 实例

例 3-7　作如图 3-26 所示图形。

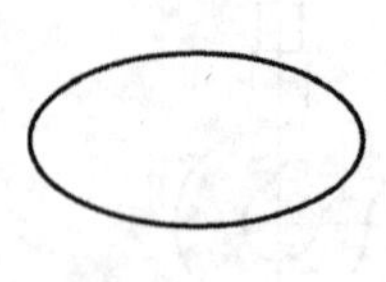
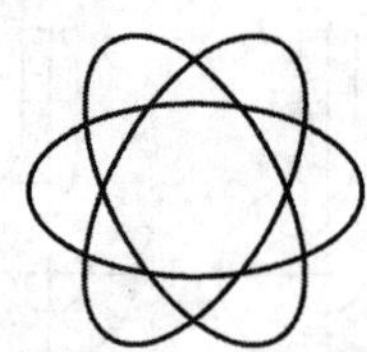
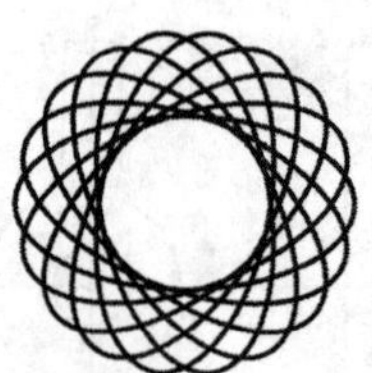
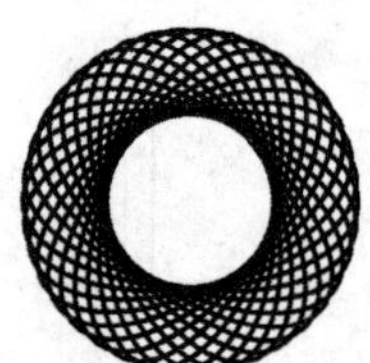

图 3-26　阵列椭圆

操作步骤如下。

(1) 作椭圆(长轴 100、短轴 50):EL→100→25。

(2) 环形阵列(填充角度 180):如图 3-26 所示,项目总数分别是 4、10、20。

(3) 存盘,完成绘图。

提示:利用环形阵列,输入较大的"项目总数",可以检测电脑的运行速度及性能。

第三节　绘制多边形

多边形是由多条线段组成的封闭图形。本节包括正多边形、矩形、表格、填充等，它们都是作为一个整体出现的图形。

一、正多边形 Polygon—POL：用内接、外切、边长等绘制正多边形，最多可画 1024 边形

1. 启动方法

快捷键 POL、图标、菜单 Draw→Polygon。

2. 命令行

POL POLYGON

Number of sides＜4＞：输入边的数目＜4＞：

Specify Center of polygon or [Edge(E)]：指定正多边形的中心点或[边(E)]：

Inscribed in circle/Circumscribed about circle(I/C)＜I＞：　输入选项[内接于圆(I)/外切于圆(C)]＜I＞：

Specify Radius of circle：指定圆的半径：

3. 操作步骤

POL→左击→输入边的数目—空格键/右击（缺省）→左击（捕捉中心点）→〈I〉/C—右击→输入圆的半径值→确定。

4. 技巧

如图 3-27 所示，常用于绘制螺栓、螺母等。

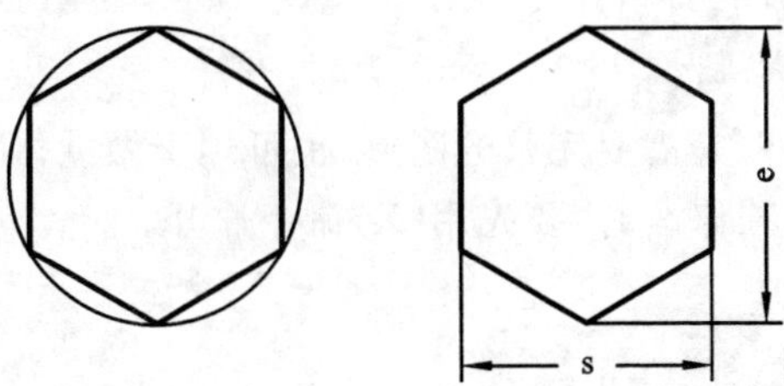

图 3-27　正六边形

(1) 圆的内接多边形：POL—I，圆的直径等于正六边形的对角尺寸 e。

(2) 圆的外切多边形：POL—C，圆的直径等于正六边形的对边尺寸 s。

(3) 边长确定多边形：POL—E，圆的直径等于正六边形的边长尺寸。

(4) 可求作 $360°/n$ 的角（多边形的中心角）、等分任一角度等。

5. 实例

例 3-8　求作六等分圆(ϕ100)，如图 3-27 所示。

提示：在六角螺母中，对边距离用 s 表示，对角顶点距离用 e 表示。

操作步骤如下。

(1) 作 ϕ100 的圆:C→50。

(2) 作圆的内接正六边形:POL→6→捕捉圆心→I→50。

(3) 存盘,完成绘图。

趣味题:用两条边平行的直尺画圆。

提示:直尺的一个边靠着中心点,另一边变换位置画线,画的次数越多,围成的图形越接近圆,如图 3-28 所示。

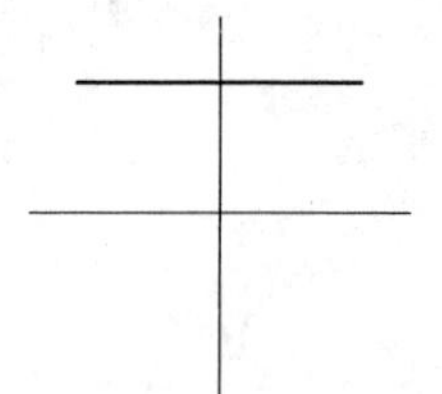

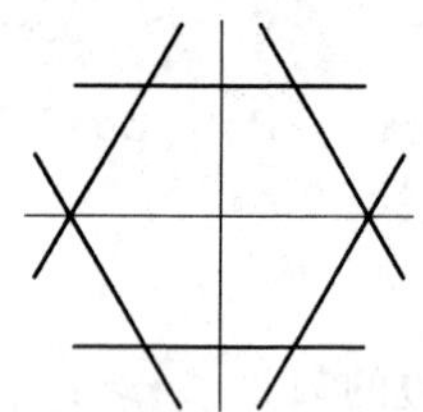

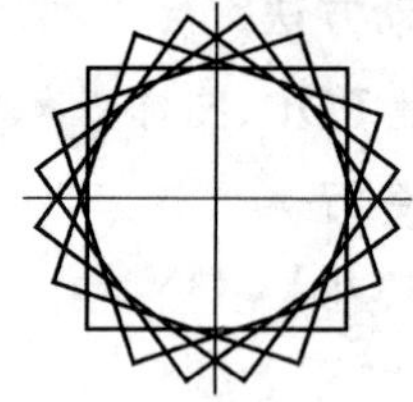

图 3-28 直尺画圆

二、矩形 Rectangle—REC:通过先后确定矩形对角线上的两点绘制矩形

1. 启动方法

快捷键 REC、图标 、菜单 Draw→Rectangle。

2. 命令行

REC RECTANG

指定第一个角点或[倒角(C)/标高(E)/圆角(F)/厚度(T)/宽度(W)]:

指定另一个角点或[尺寸(D)]:

3. 技巧

(1) 一般用于绘图框等需要完整的图形,也可用于做立体"面域";

(2) 当需要进行单独修改时,要先用"X"命令炸开。

4. 操作步骤

REC→左击→左击

5. 实例

例 3-9 作 A3 图框 420×297,边距 5、装订边 25、标题栏边框 180×56,如图3-29所示。操作步骤如下。

(1) 绘外框:REC→@420,297。

(2) 绘内框:O→5→S→20。

(3) 绘标题框:REC→@-180,56。

(4) 把外框设置为 Defpoints(不打印层)、内框和标题框为粗实线。

(5) 存盘,完成绘图,可作为以后绘图时调用。

提示:画图框的关键是应用偏移命令 O(偏移内框)和拉伸命令 S(拉伸出装订

边）。

技巧如下。

绘图时，所有的图形都按 1∶1 绘制，这样，可以减少图纸之间因比例而产生的麻烦。调用图框时，则按图形大小进行缩放，打印时，只要按实际出图的图纸满幅面打印，就可得到所需比例的图纸。

图 3-29　A3 图框

三、表格 Table

1. 启动方法

快捷键 Table、图标 、菜单 Draw→Table...

2. 命令行

Table

弹出【插入表格】对话框，如图 3-30 所示。

3. 操作步骤

Table→对话框→进行设置，确定→左击（放置位置）→进行文字编辑→确定→双击任何一个空格，都可输入文字。

4. 技巧

用于绘制标题栏或插入表格。

5. 实例

例 3-10　绘制齿轮技术参数表，如图 3-31 所示。

操作步骤如下。

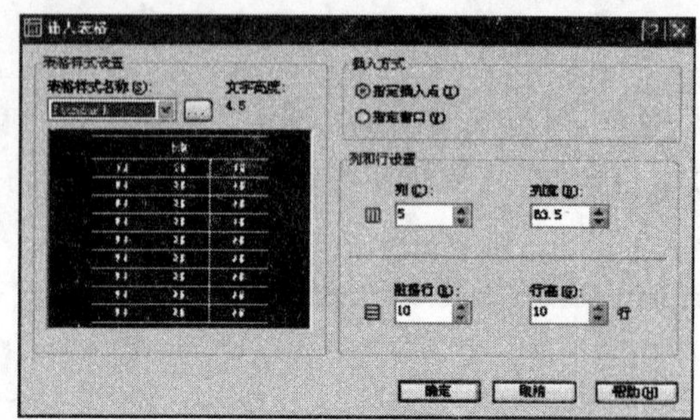

图 3-30 【插入表格】对话框

技术参数	
模数	3
齿数	120
蜗杆头数	2
螺旋角	5° 11′ 40″
螺旋方向	左旋
齿形角	20
精度等级	8-8-7-DC

图 3-31 齿轮技术参数

(1) →设置→列→2→50→数据行→6→2→宋体→高 6。

(2) 输入文字。

(3) 修改。双击→修改文字、MO→修改图表或用 X 炸开。

(4) 插入到合适位置，绘图结束。

技巧如下。

(1) 注意设置汉字字体，如仿宋体等。

(2) 要编辑表格，可以用 X 炸开后再修改。

四、图样填充 Hatch—H:绘制图形的剖面线

1. 启动方法

快捷键 H、图标 、菜单 Draw→Hatch...

2. 命令行

H BHATCH

弹出【图案填充和渐变色】对话框，如图 3-32 所示。

3. 操作步骤

H→对话框→点选图标 →弹出【填充图案选项板】对话框→ANSI→选择剖面线→拾取点→点选绘制剖面的区域→确定，如图 3-33 所示。

ANSI31——斜线（金属材料）

ANSI37——网格线（非金属材料）

4. 技巧

(1) 点选剖面区域时，一定要是封闭的区域，否则无法填充，用样条曲线画边界线时容易出现缝隙，所以一般不要用样条曲线画剖面的边界线。

(2) 剖面线的角度，按缺省方向逆时针旋转，在装配图中用于区分相邻的零件。

(3) 比例:剖面线的疏密程度，数值越小，则剖面线越密，但不能为 0 或负值。

提示:剖面线通常作为一个整体，放在专门的剖面线层，以方便图形修改。一般万不得已不要去用命令 X 炸开，不仅会占用更多的内存，还会对图形修改造成麻烦。

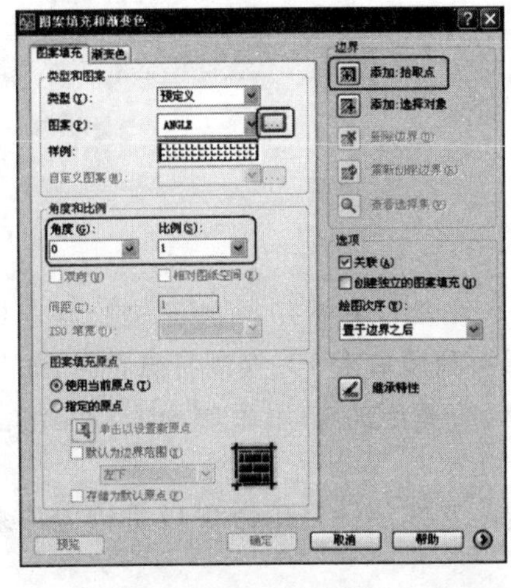

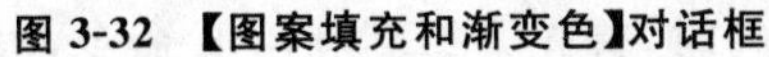
图 3-32 【图案填充和渐变色】对话框

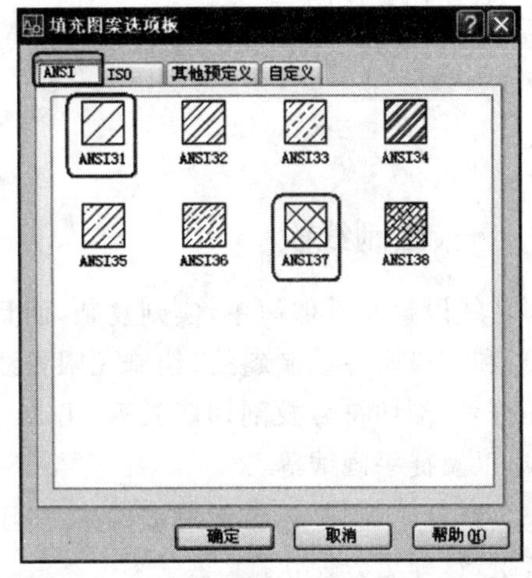

图 3-33 【填充图案选项板】对话框

5. 实例

例 3-11　作普通轴承 60305，如图 3-34 所示。

操作步骤：如图 3-35 所示。

(1) 画十字线(竖线在一侧)。

(2) 偏移：O→17→31→12.5→TR。

(3) 作滚珠：O→8.5→(62－25)/4＝9.25→C→R→4.625。

(3) 确定沟槽线：L→@10<30。

(4) 设置图层，画剖面线(注意滚珠上下的方向不同)。

(5) 标注尺寸，修改尺寸。

(6) 存盘三步骤，完成绘图。

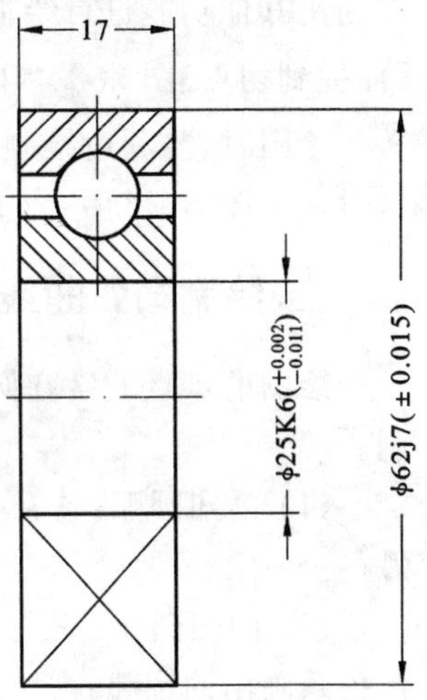

图 3-34　轴承

提示：轴承的内圈和外圈分别属于不同的零件，所以，剖面线方向相反。轴承是标准件，尺寸和画法都已标准

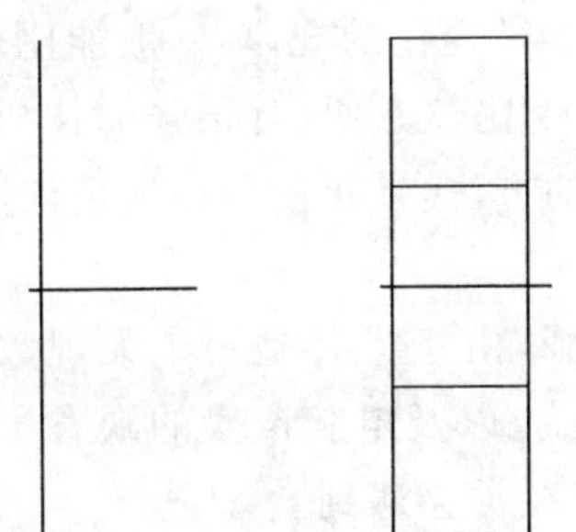
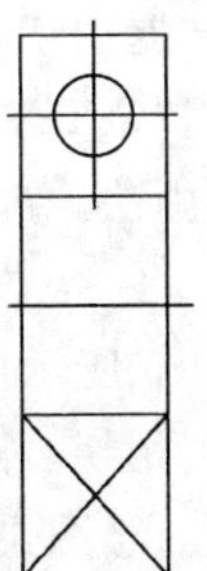
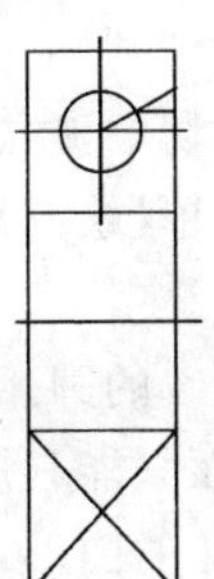
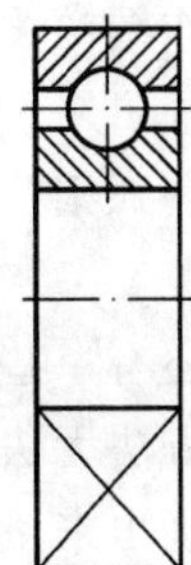

图 3-35　轴承绘制过程

化，要按标准作图。

本章小结

一、绘制线段

线段绘制看似简单，实则复杂，而且技巧性非常强。主要有：利用正交绘制定长线；利用极坐标绘制斜线；绘制无限长线作辅助线；利用命令 PL 绘制特殊符号，如基准符号、剖切符号及剖切箭头等；用 ML 绘制平行的复合直线；用命令 SPL 绘制波浪线，以及徒手画线等。

在开始画图时，由于要按尺寸 1∶1 画图，定距直线往往是用命令 O 进行偏移来产生，这样更方便快捷。

当然，在画图过程中，凡是线段，当不知如何画时，首先要想到利用 L 命令，再考虑利用其他功能进行绘制。例如绘切线，先输入 L，再在【对象捕捉】工具栏上点选【捕捉到切点】图标，再去捕捉切点。

绘图时，要一边绘制一边修改，这样，可以使图形简单明了，避免画蜘蛛网格线，这对复杂图形显得尤为重要。

二、绘制圆弧曲线

绘图的难点通常在圆弧曲线的绘制，包括已知圆弧、中间圆弧和连接圆弧的绘制。

(1) 已知圆弧：具有全部定形尺寸(半径)和定位尺寸(圆心)，可直接画出的圆弧；

(2) 中间圆弧：只有定形尺寸(半径)而定位尺寸不全，但可根据与其他线段的连接关系画出的圆弧；

(3) 连接圆弧：只有定形尺寸(半径)而没有定位尺寸，只能在其他线段画出后，根据两线段相切的几何条件才能画出的圆弧。

作图的关键是找到圆心和半径，掌握内切和外切半径变化的规律，一般能比较容易地画出来。对于相切圆弧，通常运用“C-T”“F-R”命令比较方便，有很强的技巧性。有些圆弧则要利用菜单【绘图】下圆的画法，寻找合适的方法，才可能画出所需的圆或圆弧。

还有一些非常特殊的圆弧，如图 4-6 所示的内切圆，由于半径是一个无理数，常用的方法无法作出，而只能利用“相切、相切、相切”方式，以及电脑产生的缺省半径，才能画出来，这种特殊的图形，在实际的绘图设计中也经常会遇到。

三、绘制多边形图形

本书中把一个整体的图形归为多边形，包括正多边形、矩形、表格、剖面线等，要编辑这些图形时必须用 X 命令“炸开”，但在实际绘图时最好不要炸开，否则，会产生不必要的麻烦，尤其是剖面线，最好是一次填充成功。图样填充有时会遇到很头痛的填充不成功的现象，所以一定要熟练掌握。

总之，所有图形都可理解为由线段和圆弧组成，一定要非常熟练地掌握 L 和 C 这两个命令，以及由此延伸的命令和绘图技巧。

课外练习三

1. 复习思考题

(1) 输入命令前为什么通常要按一下键盘最左上角的 ESC 键？

(2) 绘图时，为什么有时输入命令后却不能按要求绘图？绘图时，时刻关注命令行有什么作用？

(3) 输入命令后，按一下空格键，或按一下 Enter 键，效果一样吗？

(4) 画斜线的方法有哪些？利用极坐标和利用旋转法画斜线有什么区别？

(5) 画无限长线的作用是什么？

(6) 图形上一些特殊的符号和图形(如剖切面上的箭头、基准符号等)是怎样画出来的？

(7) 绘图时，在什么时候需要使用样条曲线？

(8) 用命令 F-R 和 C-T 画圆弧有什么区别？各使用在什么场合？

(9) 如何找到相切圆弧的圆心和切点？

(10) 我们常用的图框是用什么命令一次性画出来的？

(11) 正多边形主要用于画哪些图形？

(12) 利用命令 H 画剖面线时，有时填充不了，你通常采取什么措施？

2. 绘图题：用 AutoCAD 绘制下列图形。

(1) 棘轮架，如图 3-36 所示。

(2) 挂轮架，如图 3-37 所示。

(3) 承重钩，如图 3-38 所示。

(4) 吊钩，如图 3-39 所示。

提示：先画出已知线段和已知圆弧，再画中间圆弧和连接圆弧，充分利用相切，以及“C-T”、“F-R”命令，要随画随修剪，避免产生混乱。

(5) 支承座架，如图 3-40 所示。

(6) 盒盖(材料：聚甲醛 POM)，如图 3-41 所示。

(7) 座盖块(材料：象牙色聚碳酸酯)，如图 3-42 所示。

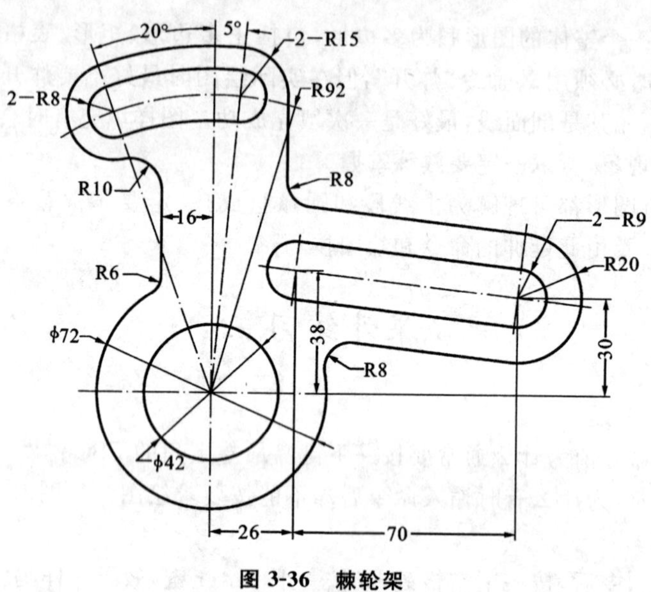

图 3-36　棘轮架

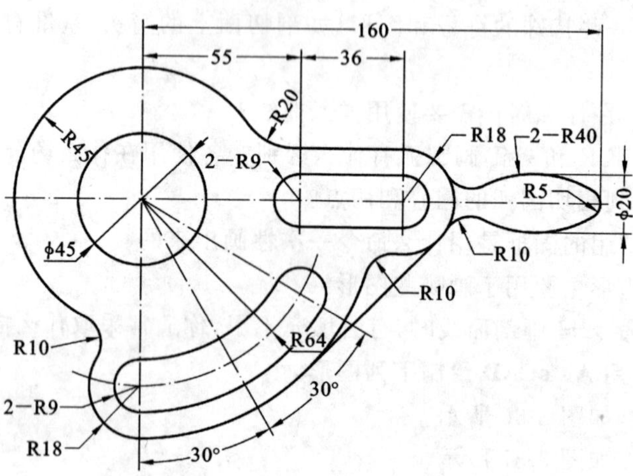

图 3-37　挂轮架

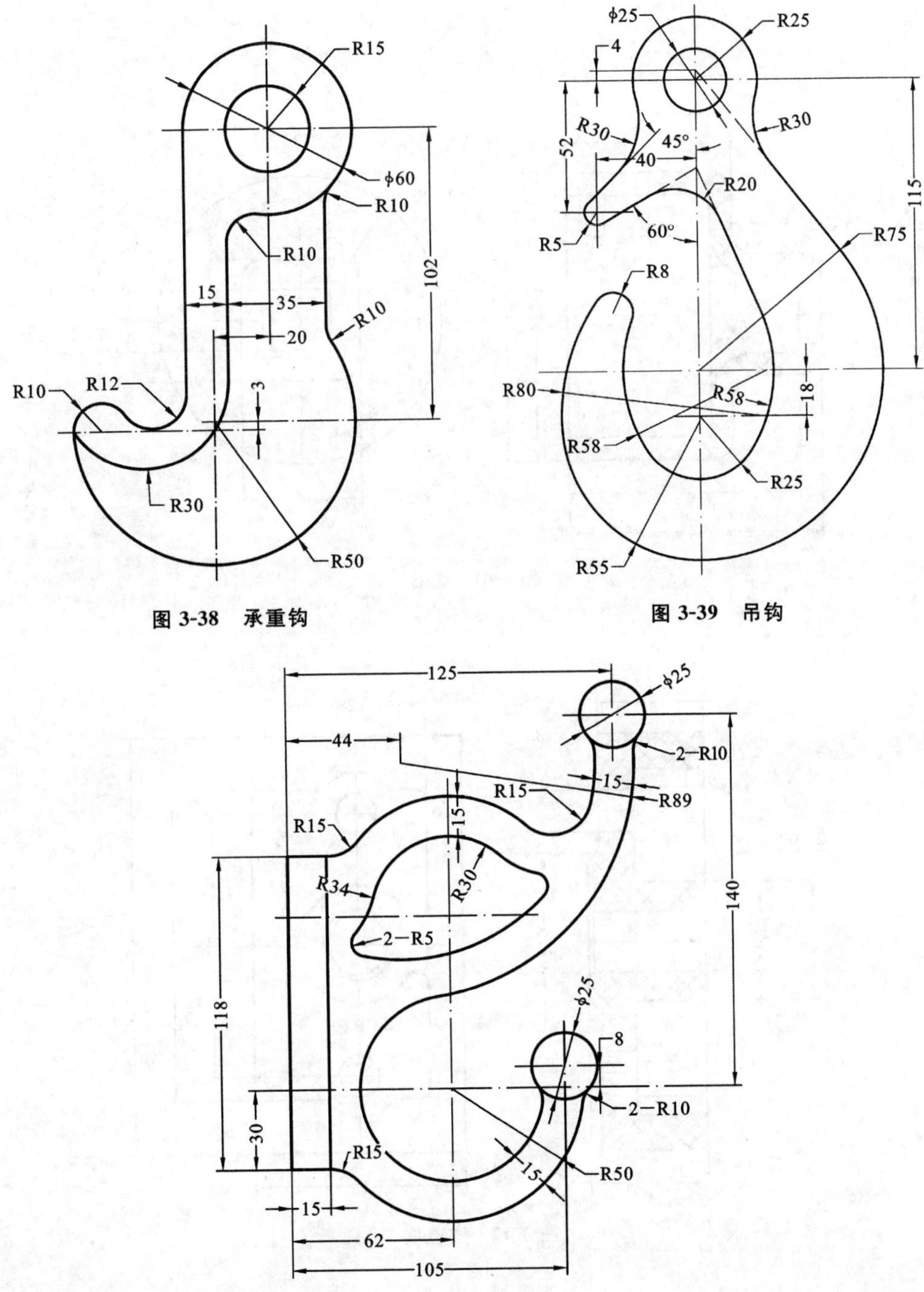

图 3-38　承重钩

图 3-39　吊钩

图 3-40　支承座架

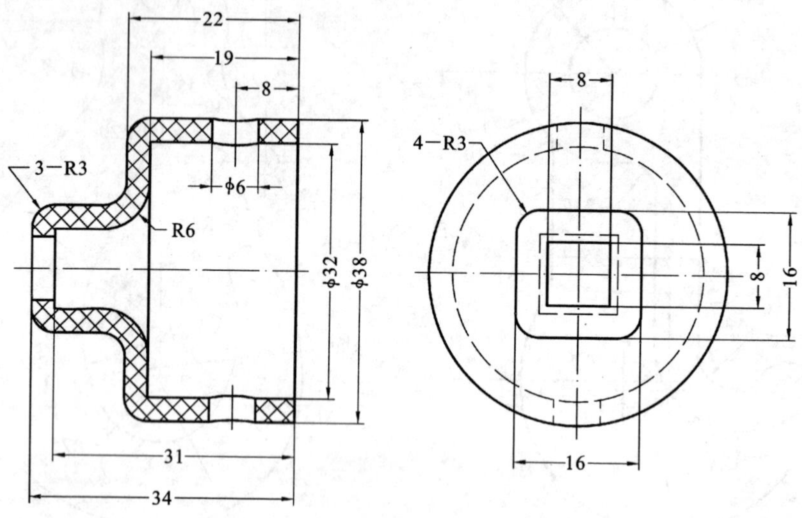

图 3-41　盒盖

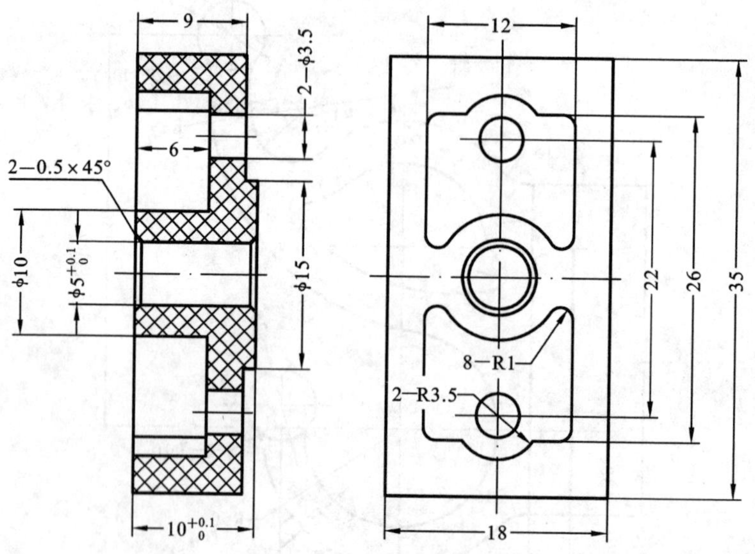

图 3-42　座盖块

第四章　基本编辑方法

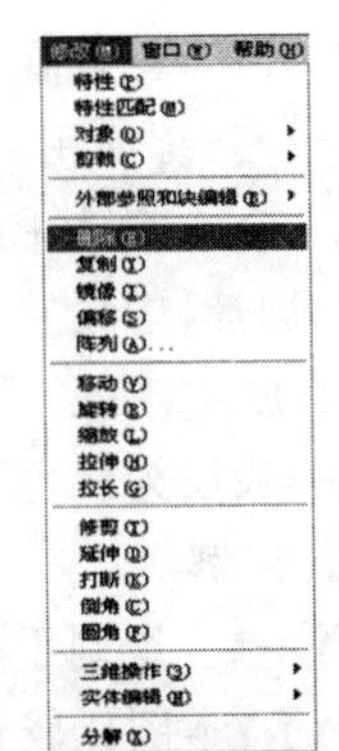

图 4-1　【修改】下拉菜单

本章提示

与手工绘图相比，AutoCAD 绘图最突出的优点是图形修改、增减十分方便。AutoCAD 强大的图形编辑工具，可以灵活快捷地修改、编辑图形。本章介绍了 20 个基本编辑命令。【修改】下拉菜单如图 4-1 所示。

(1) 熟练掌握 20 个基本编辑命令。

(2) 学习常用的绘图技巧。

(3) 训练有一定难度的图形。

第一节　增 减 图 形

本节包含常用的 5 个图形增减命令：E、O、CO、MI、AR。

一、删除(Erase，E)：删除不需要的图形

1. 启动方法

快捷键 E、图标 、菜单 Modify→Erase、Delete。

2. 命令行

E ERASE

Select objects：选取物体：

Specify opposite corner：选择对角：

3. 操作步骤

E→空格键→左击→左击→右击(确定)

4. 技巧

选择物体的方法如下。

(1) 单击(左击)：选择单个物体，点击一下，选中一个物体，连续点击可选取多个物体；

(2) 中途要取消被选中的物体，按住 Shift 键，再选取需要取消的物体；

(3) 左选框(Window，窗口方式)：从左向右移动鼠标，出现一个实线的矩形框，只有全部被包含在该选取框中的实体目标才会被选中。

(4) 右选框(Crossing,交叉方式):从右向左移动鼠标,出现一个虚线的矩形框,凡是被虚线框接触到的物体都会被选中。在拉伸 S 命令中,只有使用右选方式才可拉动物体。

(5) 夹点:在对象被选中后,其上将显示夹点,是一些小方框,颜色可在【选项】对话框中设定,出现在对象的关键点上,可以用夹点执行拉伸、移动、旋转、缩放或镜像等操作。熟练使用夹点操作,可以提高绘图速度。

① 冷点:选择图形后(如单击物体),实体上将出现若干未激活的夹点(颜色可在"选项/选择"中设置,一般为蓝色);

② 热点:用鼠标单击实体上某个夹点,该夹点呈高亮显示,成为已激活的夹点(颜色一般设为红色)。

5. 实例

例 4-1　绘制手柄,如图 4-2 所示。

提示:本图比较经典,关键是 $R108$ 的绘制,先作出 $R22$(通过尺寸 195 确定圆心),再利用命令"C-T"画出 $R108$ 的圆弧(同时与 $R22$ 圆弧和 $\phi70$ 边界线相切)。

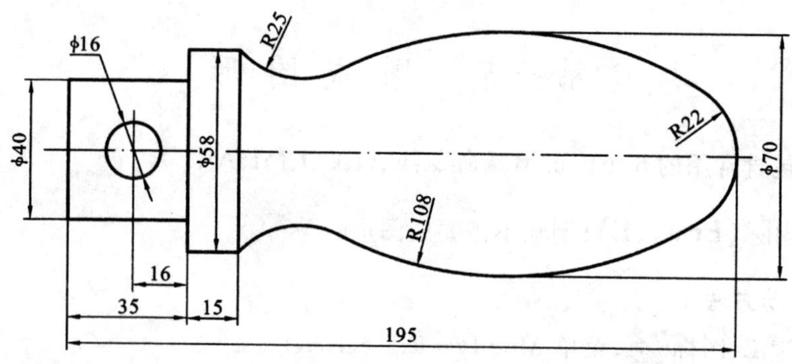

图 4-2　手柄

操作步骤:如图 4-3 所示。

(1) 绘"日"字形框:L→O→195→35→TR。

(2) 绘头部:O→35→15→29→20→TR。

(3) 绘尾部小圆:先找到圆心→C→R→22。

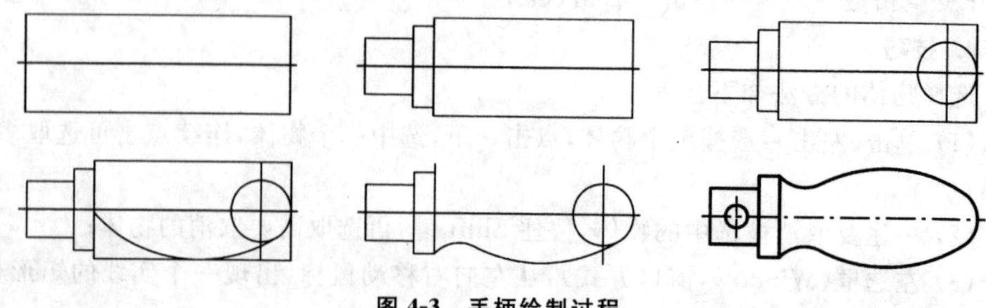

图 4-3　手柄绘制过程

(4) 作大圆弧：C→T→R→108→TR。

(5) 作圆弧：先找到圆心→C→R→25。

(6) 镜像 MI，设置图层。

(7) 标注尺寸：存盘，完成绘图。

二、偏移(Offset，O)：创建与选定对象平行的对象，可偏移圆或圆弧

1. 启动方法

快捷键 O、图标 、菜单 Modify→Offset。

2. 命令行

O Offset

Specify offset distance or [Through(T)]<20>：指定偏移距离或[通过(T)]<当前值>：

Select object to offset or<exit>：选择要偏移的对象或<退出>：

3. 操作步骤

O→输入偏移量→空格键→左击(点选偏移线)→左击(点击偏移所在侧)→右击

4. 技巧

(1) 只能单击实体，指定点，以确定要偏移的方向；

(2) O—T→选取实体→选取一个点，复制后的新实体通过该点(或在延长线上)；

(3) 可偏移圆和圆弧、偏移前后的实体将同心，切弧偏移后仍相切，半径变化量为偏移的数值；

(4) O 在开始绘制新图时是使用最多的命令(定距离绘图)。

5. 实例

例 4-2　绘制法兰盖，如图 4-4 所示。

操作步骤：如图 4-5 所示。

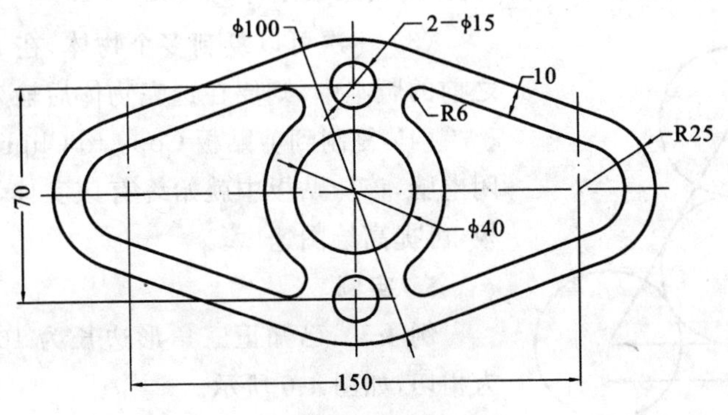

图 4-4　法兰盖

(1) 作 6 条中心线:L→2 条→O→75→35。

(2) 作 6 个圆:C→20→50→25→7.5。

(3) 作 4 条切线:L→MI→TR。

(4) 偏移 7 处:O→10。

(5) 作 $R6$ 圆角:C→T→6。

(6) 设置图层、标尺寸、存盘,完成作图。

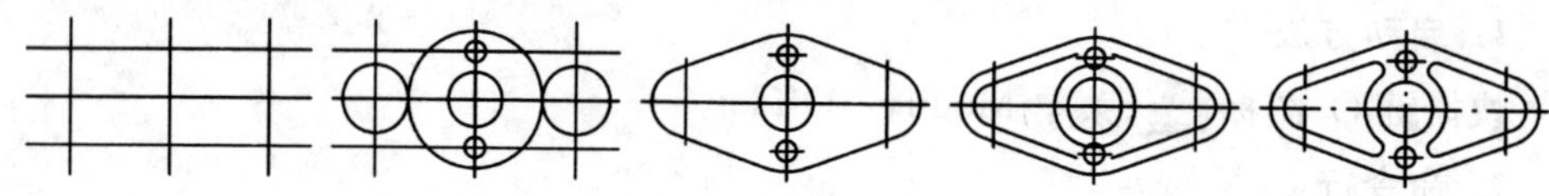

图 4-5 法兰盖绘制过程

三、复制(Copy,CO):将图形从一个位置复制到另一个位置

1. 启动方法

快捷键 CO 或 CP、图标 、菜单 Modify→Copy。

2. 命令行

CO COPY

Specify objects: 选择对象:

Specify base point or displacement: 指定基点或位移:

3. 操作步骤

CO→左击(或框选对象)→右击(对象选完后确定)→左击→左击→右击。

4. 技巧

(1) 选取适当的点作为复制的基点,如中心点、交点或端点等,有时为了防止干扰,在空白处点击某处作为基点。

(2) 定距离复制(水平方向或竖直方向),在正交情况下(F8),移动鼠标到该方向一定位置,直接输入数值后右击,斜方向则用极坐标(如@20<45)。

(3) 一次可以复制多个物体,在 AutoCAD 2004 之前的版本中,则要在选完物体后输入 M。

(4) 复制到剪贴板 Copy to Clipboard,只要不关闭电脑,该剪贴板中就始终有该实体,灵活运用剪贴板,可提高绘图速度。

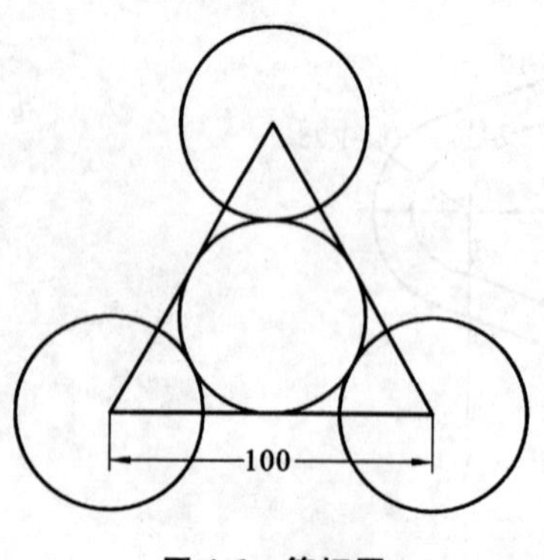

图 4-6 等切圆

5. 实例

例 4-3 已知正三角形边长为 100,四个等圆互为相切,如图 4-6 所示。

操作步骤:如图 4-7 所示。

(1) 画正三角形:L→100→@100<120→@100

＜－120。

(2) 作内切圆：菜单【绘图】→圆→相切、相切、相切。

(3) 复制三个圆：CO→选取圆心。

(4) 设置图层、标注尺寸，存盘，完成绘图。

技巧：本例圆的直径是一个无理数，不能用半径值来绘制，只能利用切圆来复制，否则，无论如何都会有误差。

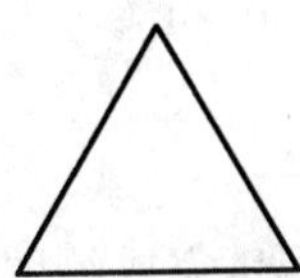

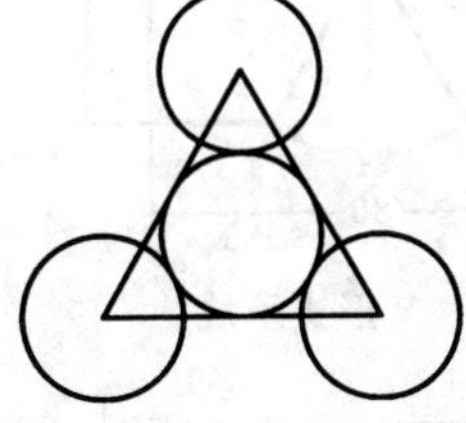

图 4-7　等切圆绘制过程

四、镜像(Mirror，MI)：将图形进行镜像操作

1. 启动方法

快捷键 MI、图标 、菜单 Modify→Mirror。

2. 命令行

MI MIRROR

Select objects：选择对象：

Specify first of mirror line：指定镜像线的第一点：

Specify second point of mirror line：指定镜像线的第二点：

Delete source objects? [yes/No]：　是否删除源对象？[是(Y)/否(N)]＜N＞：

3. 操作步骤

MI→空格键→左击→右击→左击→左击→右击。

4. 技巧

(1) 可将对称或基本对称的图形，先画出一部分再进行镜像，可以提高绘图效率。

(2) Mirrorline 镜像线是一条辅助线，可以是实际存在的线，也可以是不存在的线，只要确定镜像线的两端点即可。

(3) 如果不需要源物体，输入 Y，即只保留镜像后的实体，如果两个实体都要保留，则输入 N。

(4) 可以镜像文本，但应注意 MIRR TEXT 的设置，在输入 MI 命令前设置。

Mirr Text=1 全部镜像，即位置和顺序都发生镜像(文字会出现倒置)；

Mirr Text=0 部分镜像，即位置镜像而顺序不镜像。

5. 实例

例 4-4　绘制 V 形支承块，如图 4-8 所示。

操作步骤：如图 4-9 所示。

(1) 作十字中心线和四边形：L→80→100。

(2) 作 V 形槽直线：

O→4、30→5、20→L→RO→30→45。

(3) V 形槽修剪：TR。

(4) V 形槽镜像：MI。

(5) 设置图层、标注尺寸，存盘，完成绘图。

图 4-8　V 形支承块

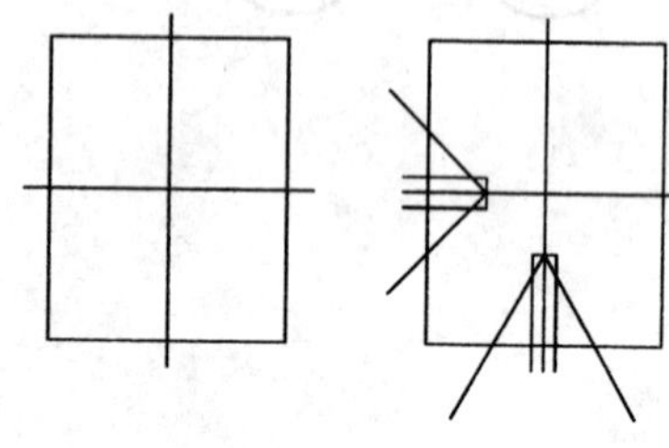
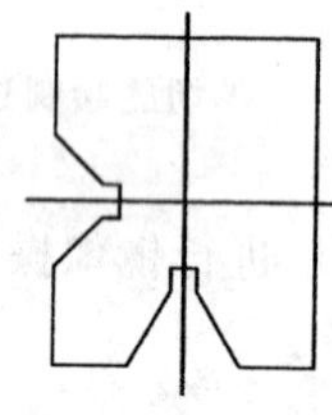
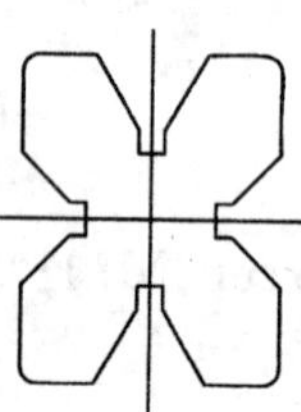
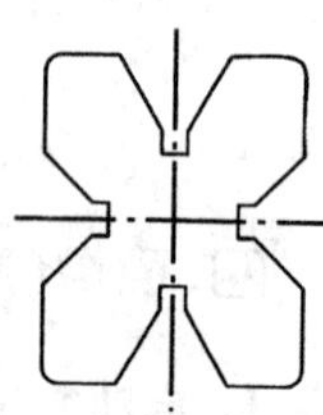

图 4-9　V 形支承块绘制过程

五、阵列(Array,AR)：快速准确地复制呈规则分布的图形

AR 主要用于环形阵列、等分圆周。

1. 启动方法

快捷键 AR、图标、菜单 Modify→Array

2. 命令行

AR

弹出【阵列】对话框，点选【环形阵列】按钮，如图 4-10 所示。

(1) 中心点：点击→指定环形阵列的中心点。

(2) 项目总数：设置在阵列中的对象数目。

(3) 填充角度：默认值 360(一个圆周)，正值指定逆时针旋转。

3. 操作步骤

AR→空格键→环形阵列→选择对象(按钮)→左击→右击→中心点(按钮)→左击→设定(项目总数、填充角度、复制时旋转项目)→确定。

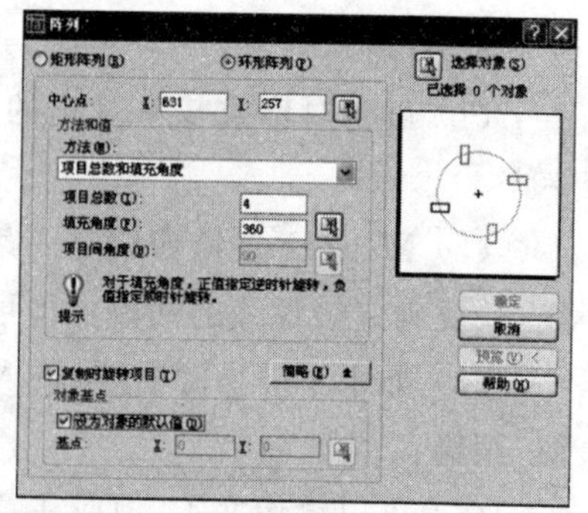

图 4-10　【阵列】对话框

4. 技巧

(1) 可以任意等分圆。

(2)“复制时旋转项目”可以确定阵列后是否旋转。

图 4-11　雪花

5. 实例

例 4-5　绘制雪花图形，如图 4-11 所示。

操作步骤：如图 4-12 所示。

(1) 作十字中心线，画 4 个同心圆：C→50→40→30→20。

(2) 阵列水平线：AR→24。

(3) 作雪花图形：L。

(4) 删除辅助线：E。

(5) 阵列雪花图形：AR→6。

(6) 设置图层、标注尺寸、存盘，完成绘图。

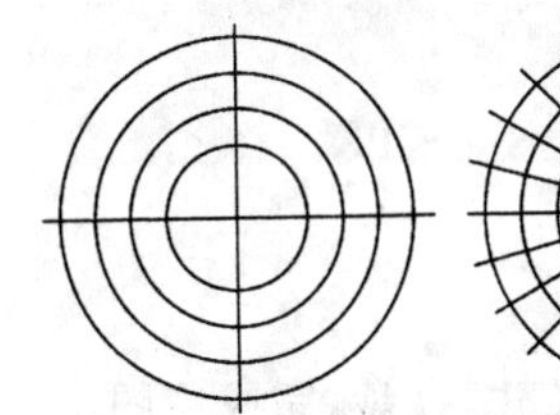 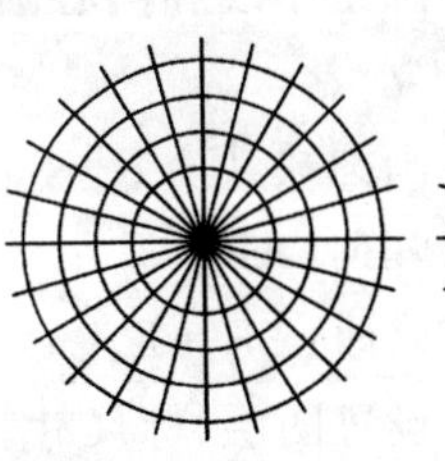 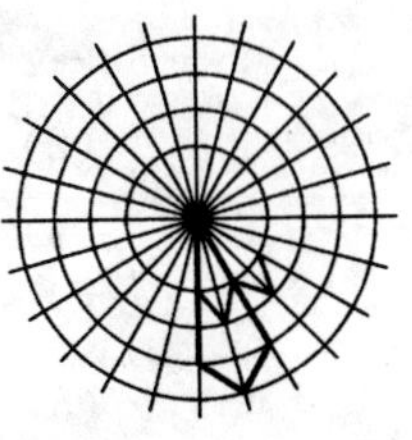 

图 4-12　雪花绘制过程

第二节　基本图形修改

本节包含绘图常用的 5 个修改命令：TR、BR、M、RO、EX。

一、修剪(Trim,TR)：利用边界剪去实体的一部分

1. 启动方法

快捷键 TR、图标 、菜单：Modify→trim。

2. 命令行

TR TRIM

Current settings projection＝UCS Edge＝None：　当前设置投影＝UCS 边＝无：

Select object to trim or [Project/Edge/Undo]：　选择要修剪的对象，或按住 Shift 选择要延伸的对象，或[投影(P)/边(E)/放弃(U)]：

3. 操作步骤

TR→空格键→框选修剪边界(左击→左击)→右击→左击(连续)→右击。

4. 技巧

(1) 选取恰当的实体边界,在图形实体需要剪掉的部分逐一点击。

(2) 文本、剖面线(填充)、形位公差等都可作为修剪边界。

(3) 尺寸标注也可以修剪,尺寸会自动更新,但尺寸线不能作为修剪边界。

(4) 按住 Shift 键,可以进行实体延伸,相当于命令 EX。

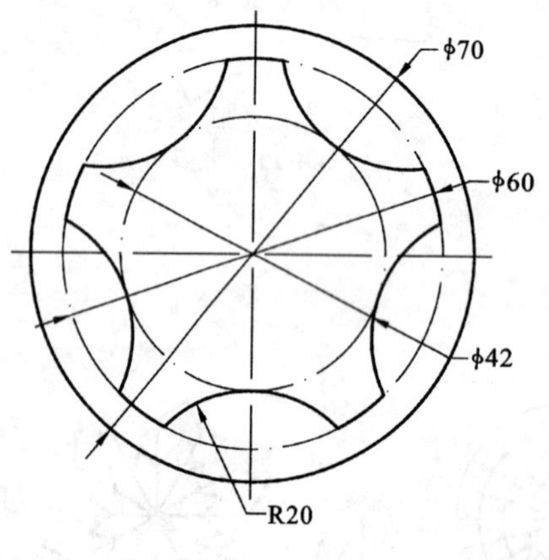

图 4-13　端铣刀

(5) 绘图过程中要随时修剪掉多余的图形,使图形简单明了。修剪时,先要定义一个边界,然后用此边界剪去实体的一部分。

5. 实例

例 4-6　绘制端铣刀,如图 4-13 所示。

操作步骤:如图 4-14 所示。

(1) 画十字线和同心圆:L→C→R→41→35→30→21。

(2) 画圆缺:C→R→20→TR。

(3) 阵列:AR→5。

(4) 修改:TR→E。

(5) 设置图层、标尺寸、存盘,完成绘图。

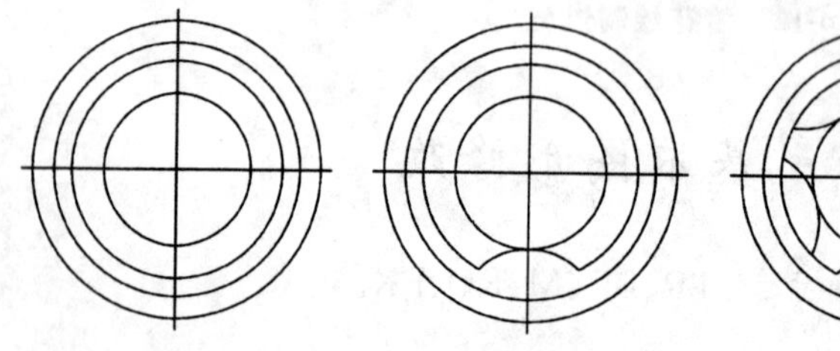

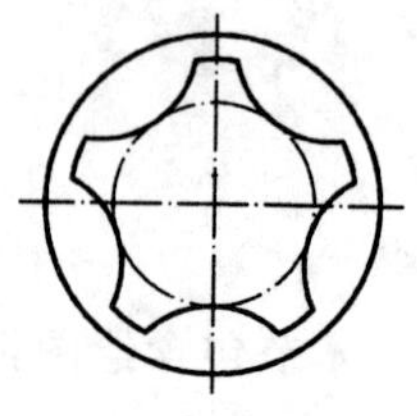

图 4-14　"端铣刀"绘制过程

二、打断(Break,BR):用于将一个实体从某一点折断或删掉该实体的一部分

1. 启动方法

快捷键 BR、图标 、菜单:Modify→break。

2. 命令行

BR BREAK

Select object:选择对象:

Specify second break point or [First point]:　指定第二个打断点或[第一点

(F)]：

3. 操作步骤

BR→左击→左击(重复)→右击(结束)。

4. 技巧

(1) 可以在单点(另一点在超出物体的空白处点击)或两点之间打断实体。如果选取实体后，输入 F(first)，则重新确定起点和终点；

(2) 命令 BR 常用于图线过长的情况(也可用夹点，但圆弧曲线只能用 BR)。或使用命令 F 倒圆角时，先把直线或圆弧分成两部分的情况。

5. 实例

例 4-7　绘制枕形架，如图 4-15 所示。

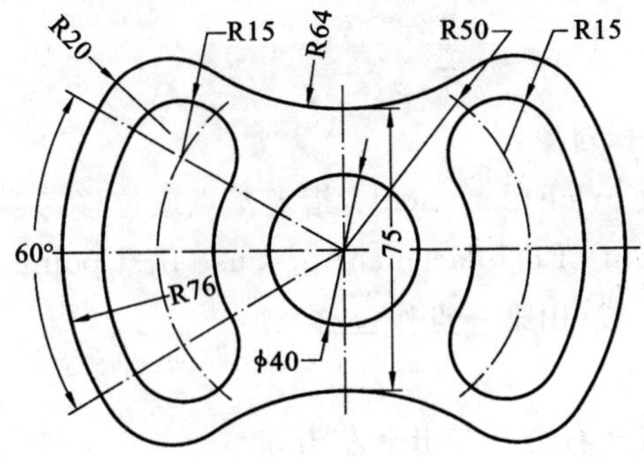

图 4-15　枕形架

操作步骤：如图 4-16 所示。

(1) 画十字线和圆：L→C→R→76。

(2) 找圆心画圆缺：C→R→101.5→64→TR。

(3) 倒圆角：F→R→20。

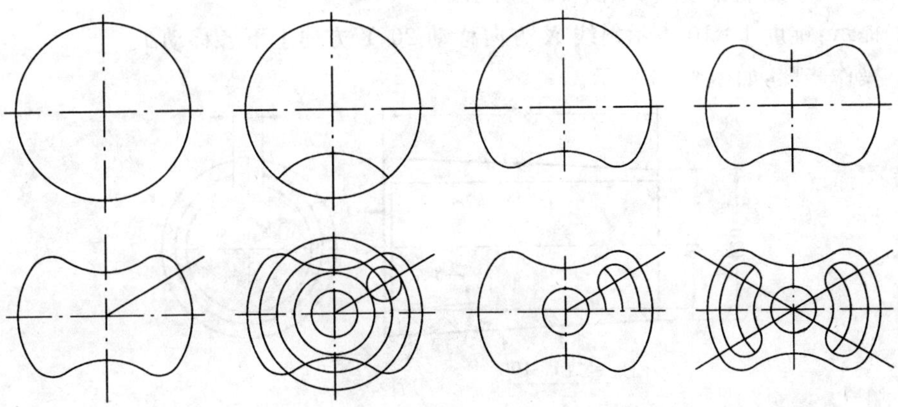

图 4-16　枕形架绘制过程

(4) 镜像:MI。

(5) 画斜线:L→@100<30。

(6) 画圆:C→R→20→50→15→O→15。

(7) 修剪:TR。

(8) 镜像:MI。

(9) 设置图层、标尺寸、存盘三步骤,完成绘图。

三、移动(Move,M):将图形对象移动到适当位置,而不改变对象的大小和方向

1. 启动方法

快捷键 M、图标 、菜单 Modify→Move。

2. 命令行

M MOVE

Select objects:选择对象:

Specify base point or displacement:指定基点或位移:

Specify second point of displacement or<use first point as displacement>:

指定位移的第二点或〈用第一点作位移〉:

3. 操作步骤

M→空格键→左击→右击→左击→左击。

4. 技巧

(1) 一般选择图形上的特殊点作为移动基点,或点击空白处作为基点(避免干扰);

(2) 定值定向移动,水平或竖直方向移动可直接输入数值,斜向用极坐标。

5. 实例

例 4-8　绘制锥度套,如图 4-17 所示。

提示:锥度 1∶10 表示斜线 X 方向移动 20,Y 方向上下各移动 1。

操作步骤:如图 4-18 所示。

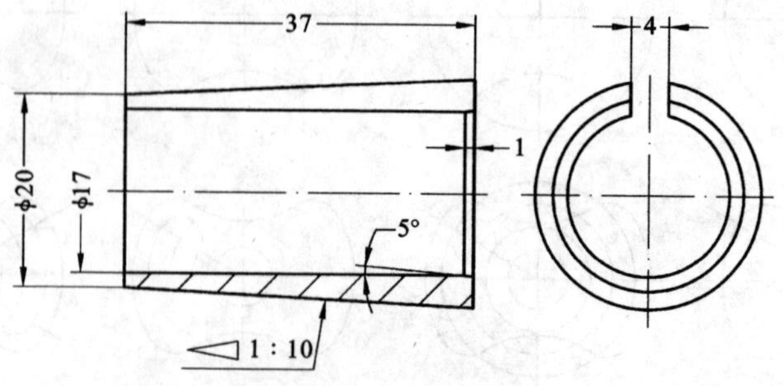

图 4-17　锥度套

(1) 画十字线、矩形和圆:L→C→R→20。

(2) 画锥度 1∶10:O→20→1→L。

(3) 延长:F→R→0→E。

(4) 镜像、画大圆:MI→L→C。

(5) 画开槽:O→2→TR。

(6) 倒角 5°、画剖面线、标尺寸、存盘,完成绘图。

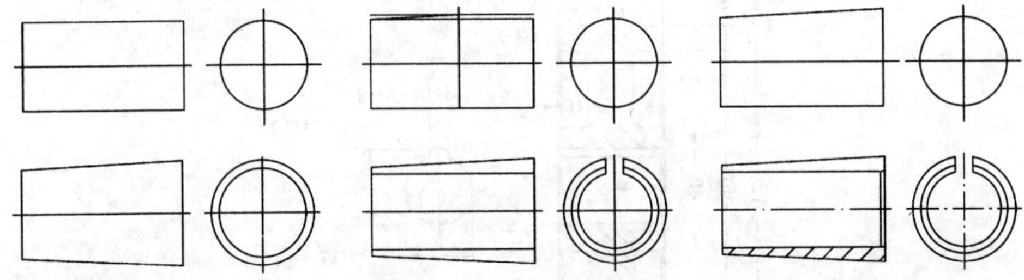

图 4-18　锥度套绘制过程

四、旋转(Rotate,RO):将实体绕某一点旋转一定的角度

1. 启动方法

快捷键 RO、图标、菜单:Modify→Rotate。

2. 命令行

RO ROTATE

Current positive Angle in UCS:　UCS 当前的正角方向:ANGDIR=逆时针 ANGBASE=0:

Select objects:选择对象:

Specify base point:指定基点:

Specify rotation angle or [Reference]:指定旋转角度或[参照 R]:

3. 操作步骤

RO→空格键→左击→右击→左击→输入角度→Enter。

4. 技巧

(1) 输入角度为正值,按逆时针方向旋转,反之,按顺时针方向旋转;

(2) 可以在【格式】(Format)→【单位】(Units),弹出【图形单位】对话框,对方向进行设置,但一般按缺省方向不变,以防混淆。

5. 实例

例 4-9　绘制皮带轮,如图 4-19 所示。

操作步骤:如图 4-20 所示。

(1) 画十字线、矩形和圆:L→C→R→11。

(2) 画凹槽、倒角、镜像:

O→20→45→10→F→R→2→MI。

(3) 画键槽孔,倒角:O→11→24.3→3→TR。

(4) 画皮带槽:O→10→5→RO→17→TR。

(5) 设置图层、镜像皮带槽。

(6) 画剖面线、标尺寸、存盘,完成绘图。

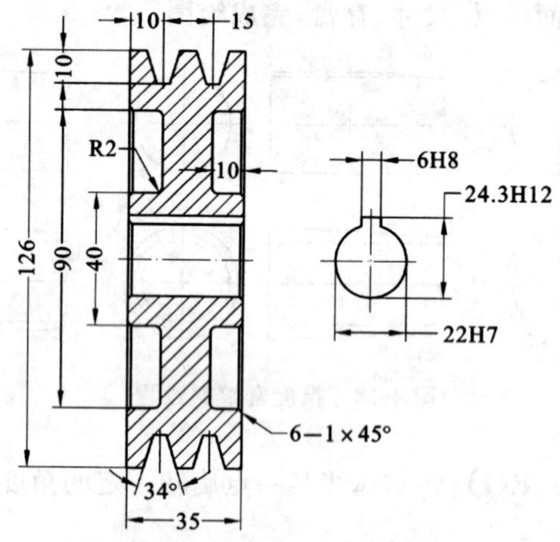

图 4-19　皮带轮

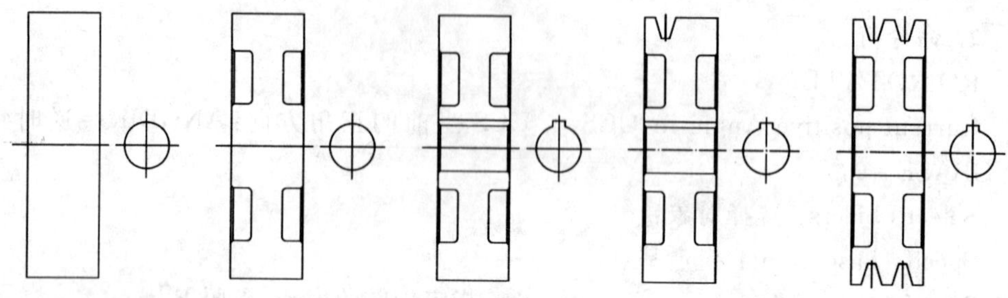

图 4-20　皮带轮绘制过程

五、延伸(Extend,EX):利用边界延伸图线

1. 启动方法

快捷键 EX、图标 、菜单 Modify→Extend。

2. 命令行

EX EXTEND

Current settings　Projmode＝UCS,Edgemode＝Extend　当前设置　投影＝UCS,边＝无

Select boundary edges:选择边界的边:

Select objects:选择对象:

Select objects to extend or enter Shift select objects to trim or[project/Edge/undo]:选择要延伸的对象,或按住 Shift 键选择要修剪的对象,或[投影(P)/边(E)/放弃(U)]:

3. 操作步骤

EX→空格键→右选框(左击→左击)→右击→左击(连续)→右击。

4. 技巧

(1) 首先要确定一个边界,然后选择要延伸到该边界的实体目标。

(2) 未有延伸边界时,可以作辅助边界线,完成后再把辅助线删除。

(3) 延伸斜线和曲线只能用 EX,不能用夹点拉伸,否则会变形。

附:拉长 Lengthen—LEN:用于改变直线、圆弧等非封闭曲线的长度。

(1) 启动方法

快捷键 LEN、菜单 Modify→Lengthen

(2) 命令行

len LENGTHEN

Select object[DE 增量/百分数 P/全部 T/动态 DY]:

当前长度:148.7600,包含角:216

① DE:增量可为正负,正将变长,负则缩短。

② P:百分数如输入 60,则为原长的 60%;输入 150,则为原长的 1.5 倍。

(3) 操作步骤

把圆弧曲线延长为原来 2 倍的操作步骤为

LEN→空格键→P→空格键→200→右击→左击(连续)→右击。

(4) 技巧

① 拉长操作可以按一定数值或比例改变实体的长度。可以延长,也可以缩短。如,LEN→P→50,每点击一次曲线,就缩为原来的一半。

② 测定曲线的长度和中心包含角等参数。

第三节　高级图形修改

本节包含绘图的 5 个修改命令:S、SC、X、F、CHA 等命令。

一、拉伸(Stretch,S):对图形进行拉伸或压缩

1. 启动方法

快捷键 S、图标 、菜单 Modify→Stretch。

2. 命令行

S STRETCH

Select object to stretch by crossing window or crossing polygon...

以交叉窗口或交叉多边形选择要拉伸的对象...

Specify second point of displacement：指定位移的第二点或<用第一个点作位移>：

3. 操作步骤

向左水平拉伸 50 的操作步骤为

S→空格键→右选框(左击→左击)→右击→左击→正交,向左移动光标→50→右击。

4. 技巧

(1) 一定要用右选框(Crossing)选取实体,才能实现拉伸功能。

(2) 只能拉伸直线、圆弧等带有端点的图形实体,没有端点的图形如圆、文本等不能拉伸。

(3) 可以拉伸实体,也可移动实体。特征点包含在选框内,则移动实体。

5. 实例

例 4-10 如图 4-21 所示,已知 Z3/8″螺塞,螺纹锥度为 1∶16。

操作步骤:略。

提示:斜线要依据尺寸 6、17.06 和锥度 1∶16 来确定。

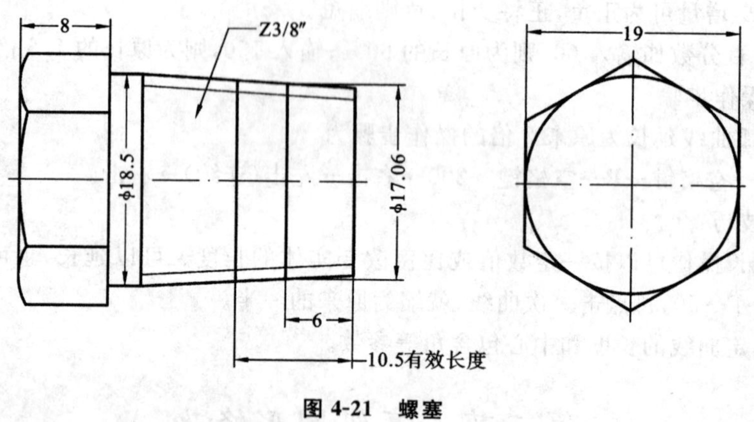

图 4-21 螺塞

二、比例(Scale,SC):按比例缩放图形中的实体

1. 启动方法

快捷键 SC、图标 、菜单 Modify→scale。

2. 命令行

SC SCALE

Select objects：选择对象：

Specify base point：指定基点：

Specify scale factor or [Reference]：指定比例因子或[参照 R]：

3. 操作步骤

SC→空格键→左击→右击→左击→输入比例值→Enter。

4. 技巧

(1) 通常用于画局部放大图、工艺流程图、图框及文字符号等,在画 1∶1 的图形时,不能用 SC 缩放,否则,对后续的图形编辑会带来许多麻烦。

(2) 一般将基点选择为实体的几何中心或适当点,实体以基点为中心缩放。

(3) 比例系数大于 1,实体将放大;小于 1 为缩小(注意小数点),但不能为负和 0。

5. 实例

例 4-11 已知等边三角形边长为 100,包含 6 个互为相切的等圆。如图 4-22 所示。

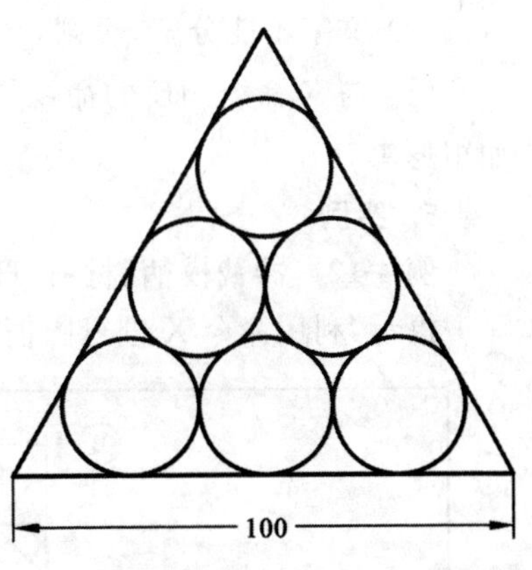

图 4-22 相切等圆

操作步骤:如图 4-23 所示。

(1) 作直线:L→40→中点→60→O→10。

(2) 作圆:C→R→10。

(3) 作 60°斜线:O→10→RO→60→MI。

(4) 作三角形:O→10→TR。

(5) 要交点作圆:C→R→10。

(6) 图形放大至边长为 100:SC→R→100。

(7) 设置图层、标注尺寸,完成绘图。

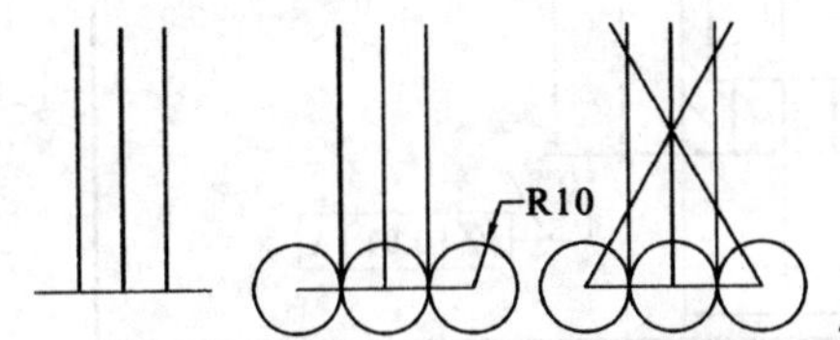

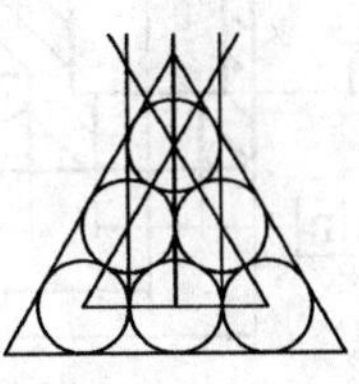
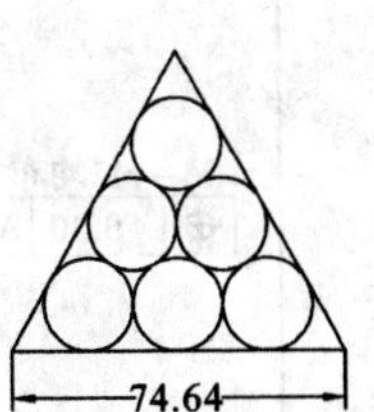

图 4-23 相切等圆绘制过程

三、分解(Explode,X):也称“炸开”

X 可用于分解对象、分解图块,使其所属的图形实体成为可编辑的实体。

1. 启动方法

快捷键 X、图标 、菜单 ModifyExplode。

2. 命令行

X EXPLODE

Select objects:选择对象:

3. 操作步骤

X→空格键→左击→右击。

4. 技巧

(1) 对无法进行修改的实体，如矩形、尺寸标注、从外部插入的图块等，可运用 X 命令分解后，再进行修改。

(2) 文字不能分解，否则，会变成乱码或“?”(汉字的字体不当也会出现此情况)。

(3) 与 X 命令相反的命令是面域 Region ，可把封闭的曲线组成一个面域，如矩形等。

5. 实例

例 4-12 冲裁模柄(材料:HT200)，未注倒角 1.5×45°，如图 4-24 所示。

提示:利用命令 X 进行图框的编辑。

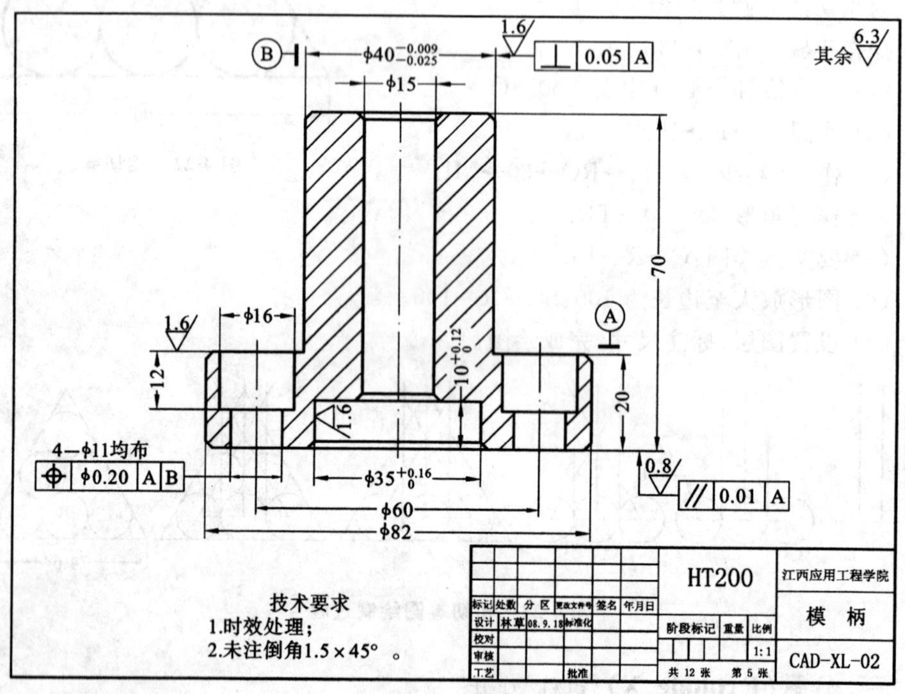

图 4-24 模柄

四、倒圆角(Fillet,F):用一段圆弧在两实体之间光滑过渡

F 是最常用也是最重要的编辑方法。

1. 启动方法

快捷键 F、图标 、菜单 Modify→fillet。

2. 命令行

F FILLET

Current settings Mode＝trim radius＝0 当前设置 模式＝修剪 半径＝0（当前值）

Specify fillet radius＜0＞：指定圆角半径＜0＞：

Select first object or［Polyline/Radius/Trim/Multi］： 选择第一个对象或［多段线(P)/半径(R)/修剪(T)/多个(U)］：

3. 操作步骤

倒圆角 R5 的操作步骤为

F→空格键→R→空格键→5→空格键→左击→左击。

4. 技巧

(1) 命令 F 相当于 C—T 再修剪(TR)，若设置 R=0 时，则相当于延伸和修剪。

(2) F—U：可以一次连续倒多个半径相等的圆角。

(3) F—T：输入修剪模式选项［修剪(T)/不修剪(N)］＜修剪＞。

设置圆角的修剪状态，选择 T，则修剪圆角，选择 N，则不修剪圆角。

5. 实例

例 4-13　绘制冷却水泵密封垫（材料：浸渍纸，δ=1），如图 4-25 所示。

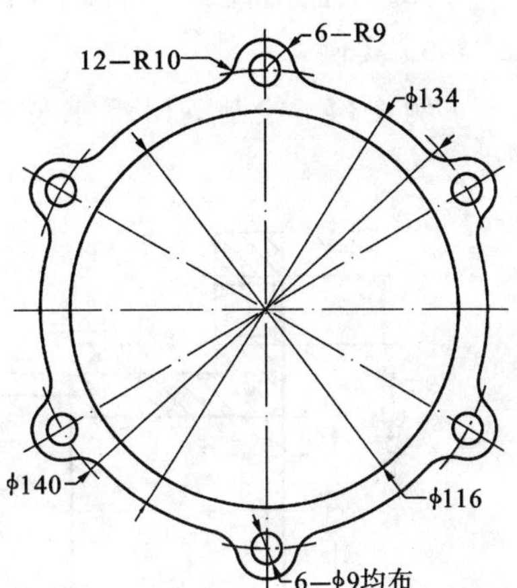

图 4-25　密封垫

操作步骤如下。

(1) 画十字中心线。

(2) 作圆 ϕ140。

(3) 作小圆 ϕ9 和凸缘 R9。

(4) 环形阵列 6-ϕ9 及凸缘 R9。

(5) 作圆 ϕ134，倒角 12-R10。

(6) 作圆 ϕ116 及其他图线。

(7) 标尺寸。

五、倒直角(Chamfer，CHA)：对两相交直线进行倒直角

1. 启动方法

快捷键 CHA、图标 、菜单 Modify→Chamfer。

2. 命令行

CHA CHAMFER

(Trim mode)Current Chamfer Dist 1 ＝0.0000，Dist 2 ＝0.0000

(修剪模式) 当前倒角距离 1＝0.0000，距离 2＝0.0000

Select first line or[Poly line /Distance/Angle/Trim/Method]:D　选择第一条直线或[多段线(P)/距离(D)/角度(A)/修剪(T)/方式(M)/多个(U)]:D

Enter first chamfer distance＜0.0000＞:10　指定第一个倒角距离＜0.0000＞:10

Enter second chamfer distance＜10.0000＞:10　指定第二个倒角距离＜10.0000＞:10

3. 操作步骤

倒角 10×45°的操作步骤为

CHA→空格键→D→空格键→10→空格键→空格键→左击→左击。

4. 技巧

(1) CHA—D—数值—选取物体,设置 D1 和 D2 的数值。D1 代表先点选的直线,D2 代表后选的直线。

(2) 只能倒直线,不能倒圆弧。

5. 实例

例 4-14　绘制 NJ385 水泵出水口(材料为 ZL101),如图 4-26 所示。

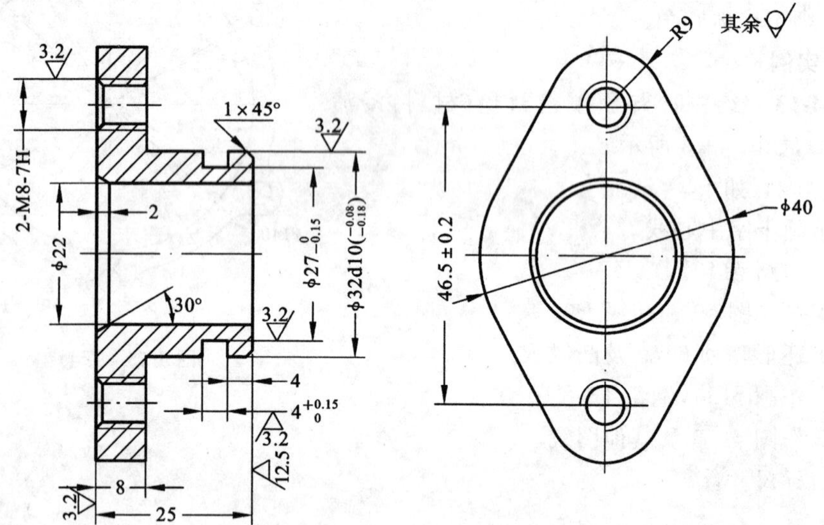

图 4-26　水泵出水口

第四节　图形编辑

本节包含绘图的 5 个常用编辑命令:U、MA、PU、W、I 等命令。

一、放弃(Undo,U):放弃上一步操作

1. 启动方法

快捷键 U、图标、菜单:Modify→Undo。

2. 命令行

U

3. 操作步骤

U→空格键...

4. 技巧

(1) 输入 U 后,每敲一次空格键后,就取消一步操作,直至全部取消,至本次工作的初始状态 Nothing to undo。

(2) Redo—重做:图标、菜单:Edit→Redo,只有在 U 命令之后才起作用,而且只对最近一次起作用,即只能恢复一步。

5. 实例

例 4-15 绘制 WT X4110 冷却水泵轴,如图 4-27 所示。

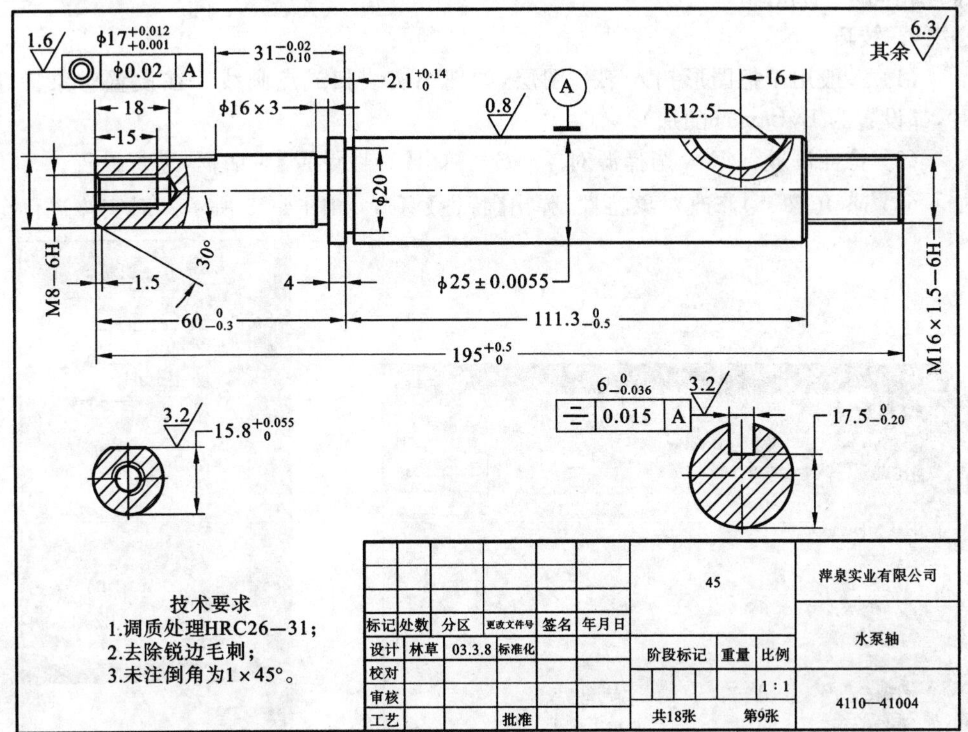

图 4-27 水泵轴

二、特性匹配(Match Properties,MA)

MA 可把一个实体的特性(如颜色、线型和图层等)复制给另一个或一组实体,使这些实体的某些特性或全部特性与源实体相同。

1. 启动方法

快捷键 MA、图标 、菜单 Modify→Match Properties。

2. 命令行

MA MATCHPROP

Select source object:选择源对象

当前活动设置:颜色 图层 线型 线型比例 线宽 厚度 打印样式 文字 标注 填充图案 多段线 视口 表格

Select destination objects or[Settings]: 选择目标对象或[设置 S]:

输入 S,弹出【特性设置】对话框,如图 4-28 所示。

3. 操作步骤

MA→空格键→左击(选择源对象光标出现)→左击(选择目标对象与源对象特性相同)→右击

4. 技巧

(1) 一般用于把图形扫入某一图层,如把细实线扫成点画线。在设置对象特性时,都设置为 ByLayer(随层)。

(2) 特性设置:MA—选择源对象—S—弹出【特性设置】对话框,进行设置。

(3) MO( )修改对象特性,弹出【特性】窗口,如图 4-29 所示。对实体进行全

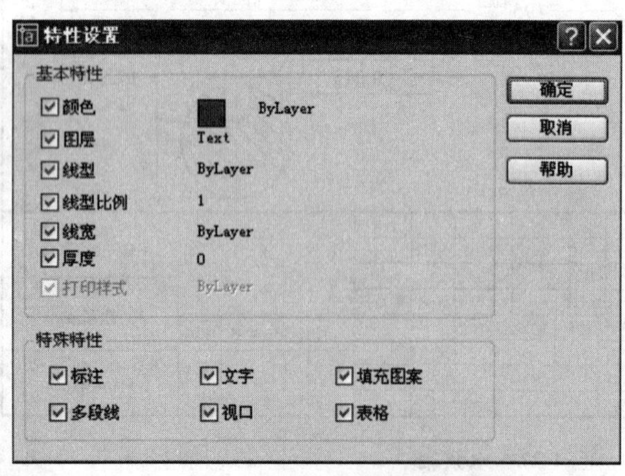

图 4-28 【特性设置】对话框

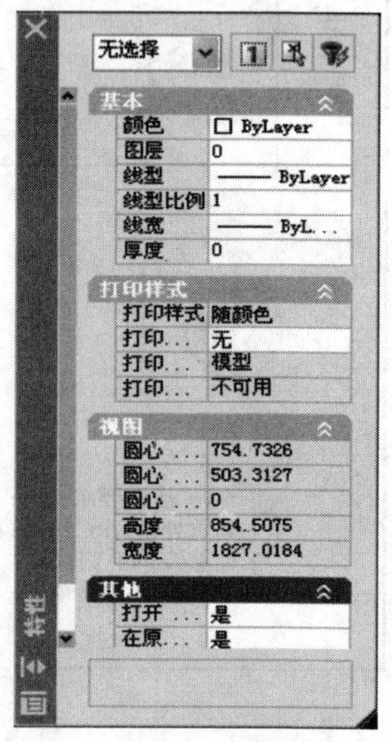

图 4-29 【特性】窗口

面设置。老版本用得较多。

5. 实例

把前面所绘过的图形进一步编辑整理。

三、清理(Purge,PU):清理垃圾

PU 用于清除图形文件中没有用的图块、图层、线型及尺寸标注类型等,释放所占据的磁盘空间。

1. 启动方法

快捷键 PU、菜单 File→绘图实用程序→清理...

2. 命令行

PU

弹出【清理】对话框,如图 4-30 所示。输入命令 A→弹出【确认清理】对话框,如图 4-31 所示。

3. 操作步骤

PU→A→A→关闭直到"全部清理(A)"显灰色,表明全部垃圾已清理干净。

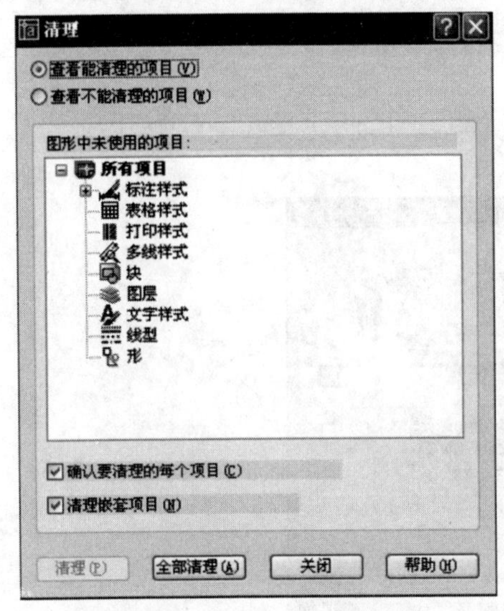

图 4-30　【清理】对话框

图 4-31　【确认清理】对话框

4. 技巧

(1) 选择"全部清理(A)",可以清理标注样式、块、图层、线型等所有垃圾。

(2) 一般绘图完成后,在存盘前作一次清理。绘大型图时,在中途清理可提高电脑的反应速度。一般的零件图只有几十 KB,不清理时可达几百上千 KB。

5. 实例

例 4-16　绘制 BJ136 后制动分泵皮圈(材料:皮圈橡胶 GB 7524—1987,邵氏硬

度70±5)，如图 4-32 所示。

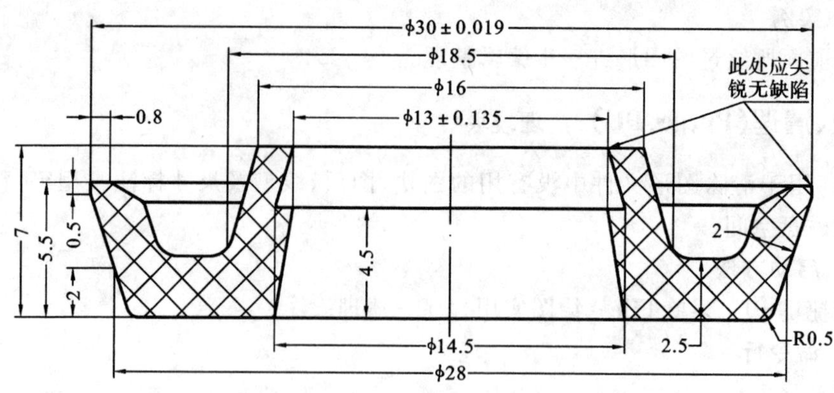

图 4-32　制动分泵皮圈

四、图块存盘(Write Block，W)：将图块单独以图形文件(＊.dwg)的形式存盘

1. 启动方法

快捷键 W。

2. 命令行

W WBLOCK

弹出【写块】对话框，如图 4-33 所示。

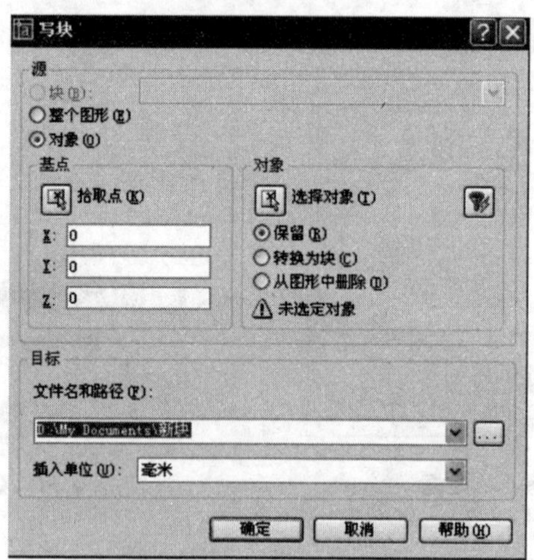

图 4-33　【写块】对话框

3. 操作步骤

W→空格键→左击(选择对象)→右选框→右击→左击(基点—拾取点)→设置(文件名称路径)→确定

4. 技巧

(1) 适用于将图形中的某部分，单独以图形文件(＊.dwg)另存盘。

(2) 标准图框、粗糙度符号、剖切符号、标准件等存为图块，便于绘图时调用。

(3) 常结合剪切板进行图块的使用(创建、插入)。

五、插入图块(Insert，I)：将已经定义的图块或图形，插入到当前图形文件中

1. 启动方法

快捷键 I、图标 、菜单 Insert→Block...

2. 命令行

I INSERT

弹出【插入】对话框，如图 4-34 所示。

指定插入点或[比例(S)/X/Y/Z/旋转(R)/预览比例(PS)/PX/PY/PZ/预览旋转(PR)]：

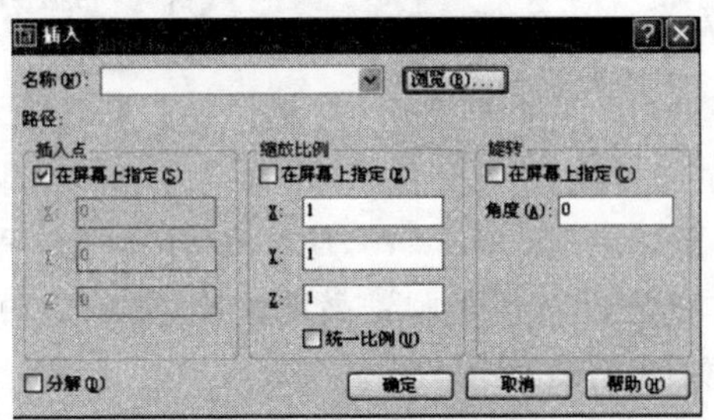

图 4-34 【插入】对话框

3. 操作步骤

I→浏览(选取文件)→确定→指定插入点(在屏幕上)

4. 技巧

(1) 可以对图块进行比例缩放和旋转。

(2) 图块的所有属性和设置都会自动带入当前图形中，利用这种特性可以简化图形的设置。设置图形时要尽可能一致，否则会扰乱设置好的界面。

本 章 小 结

AutoCAD 的功能强大，主要反映在图形编辑上，图形修改和增减十分方便，可以灵活快捷地修改和编辑图形。掌握这些编辑命令并能融会贯通，可以极大地提高绘图水平，成为一个真正的高手。

一、增减图形

开始画图时，使用最多的是偏移命令 O，可以偏移线段和圆弧，是画定长直线和定距离线段和圆弧最理想的方法，一定要熟练掌握。

删除图线可以用命令 E，或直接用 Delete 键。选取图线时，要灵活运用左选框和右选框。

二、基本图形修改命令

包括修剪 TR、打断 BR、移动 M、旋转 RO 和阵列 AR 共 5 个命令。

三、斜度与锥度

斜度是指一条直线（或平面）对另一条直线（或平面）的倾斜程度，其大小用两者之间夹角的正切值来表示，如图 4-35 所示，即

$$斜度=\tan\alpha=\frac{BC}{CA}=\frac{H}{L}$$

斜度在图样上通常以 1∶n 的形式标注。标注时，要在数字前加注符号“∠”，符号斜线方向应与斜度方向一致。

作斜度∠1∶10 步骤：先作出 $AB=10$，$BC=1$，连接 AB，即为 1∶10 的斜度线。

锥度是指正圆锥体的底圆直径与圆锥高度之比，如果是圆锥台，则为两底圆直径之差与锥台高度之比，如图 4-36 所示，即

$$锥度=\frac{D}{L}=\frac{D-d}{l}=2\tan\alpha$$

锥度也是以 1∶n 的形式标注。标注时，要在数字前加注符号“△”，并且符号所示的方向应与锥度方向一致。

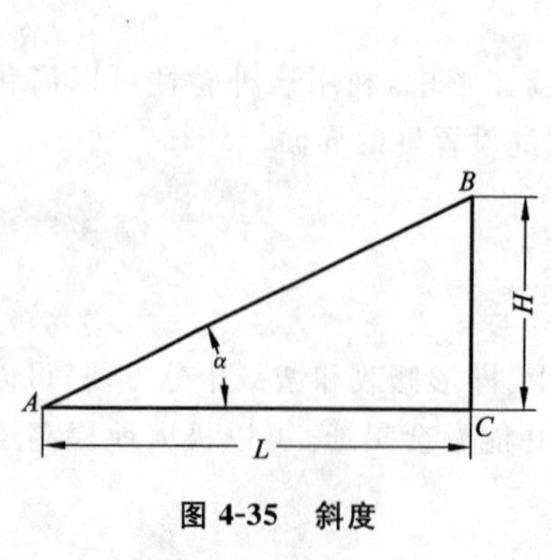

图 4-35　斜度

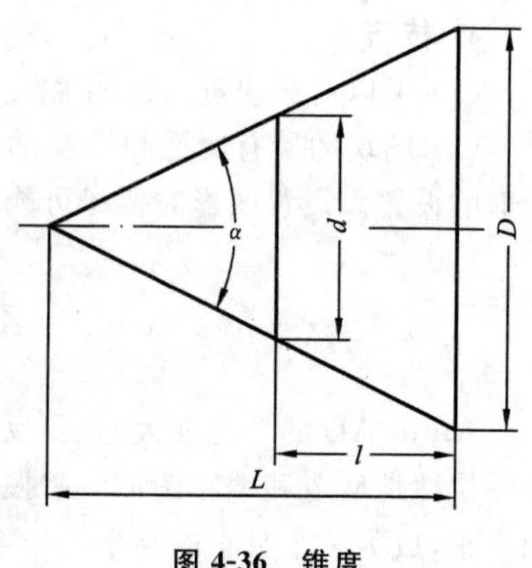

图 4-36　锥度

课外练习四

1. 复习思考题

(1) 删除对象有哪些方法？哪些命令可以用来删除对象？

(2) 删除单个对象与删除多个对象的方法有什么区别？在什么情况下利用图层来删除对象比较方便？

(3) 右选框与左选框的区别是什么？它们各用在什么场合？

(4) 把冷点设置为蓝色(冷色)，热点设置为红色(热色)，这种设置有什么好处？

(5) 为什么偏移命令 O 在开始绘制新图时，是使用最多的命令？

(6) 使用复制命令 CO 时，一定要选取复制图形上的点作为复制的基点吗？

(7) 在利用命令 MI 进行镜像时，镜像线不存在时可以镜像吗？源对象不要保留应如何操作？

(8) 环形阵列与矩形阵列分别用于什么情况？环形阵列时如何使复制的对象不发生旋转？

(9) 在使用命令 TR 进行修剪时，为什么不能盲目地选择修剪边界？还有哪些方法可以用来修剪对象？

(10) 利用命令 BR 打断时，断开的第一点在什么位置？有些无法打断的对象，如剖面线，应如何进行打断？

(11) 视图之间要保持“长对正、宽相等、高平齐”的投影关系，在使用命令 M 移动时，应如何操作？

(12) 使用命令 RO 旋转对象，在指定旋转角度时输入负值，对象向哪个方向旋转？

(13) 延伸对象有哪些方法？为什么圆弧的延长只能用命令 EX 而不能用命令 S 或夹点等方法？

(14) 在用命令 S 进行拉伸时，为什么要使用右选框？左选框能拉伸吗？若用左选框拉伸，会产生什么结果？

(15) 为什么图形最好按 1∶1 绘制，这样绘图有什么好处？图形对象用命令 SC 缩放后会产生什么效果？文字可以缩放吗？

(16) 在什么时候需要使用命令 X，使用时应注意什么？

(17) 命令 F 除了倒圆角之外，还有哪些特殊的功能？与命令“C-T”有什么不同之处？倒圆角半径可以为 0 吗？

(18) 命令 CHA 除了倒 45°角之外，还能倒其他角度的角吗？如 30°角，应如何操作？

(19) 绘图时，有时突然发现当前一些步骤和最前面的操作没问题，只是中间的几个操作错误，应如何使用返回命令 U，才能返回到中间的步骤，而不影响当前的操作？

提示：结合“复制到剪贴板”，可以保留想要的部分。

(20) 特性匹配命令 MA 为什么通常要结合图层来使用，如果图层设置不当，对该命令的使用有哪些影响？

(21) 图形文件存盘前，为什么要使用 PU 命令？选择 A 进行全部清理后，对图形会产生影响吗？

(22) 图块的存盘与插入通常用哪些具体方法？各有什么特点？

(23) 图形的编辑修改通常用多种方法，而每一个编辑命令都有不同的用法，应如何灵活运用到绘图中去？

(24) 如何进行修剪的模式设置？

2. 绘图题

用 AutoCAD 绘制下列图形。调用或绘制图框，按标准填写，分别单独存为一个文件。

(1) 隔弧板(材料：三聚氰胺甲醛玻璃纤维)，如图 4-37 所示。

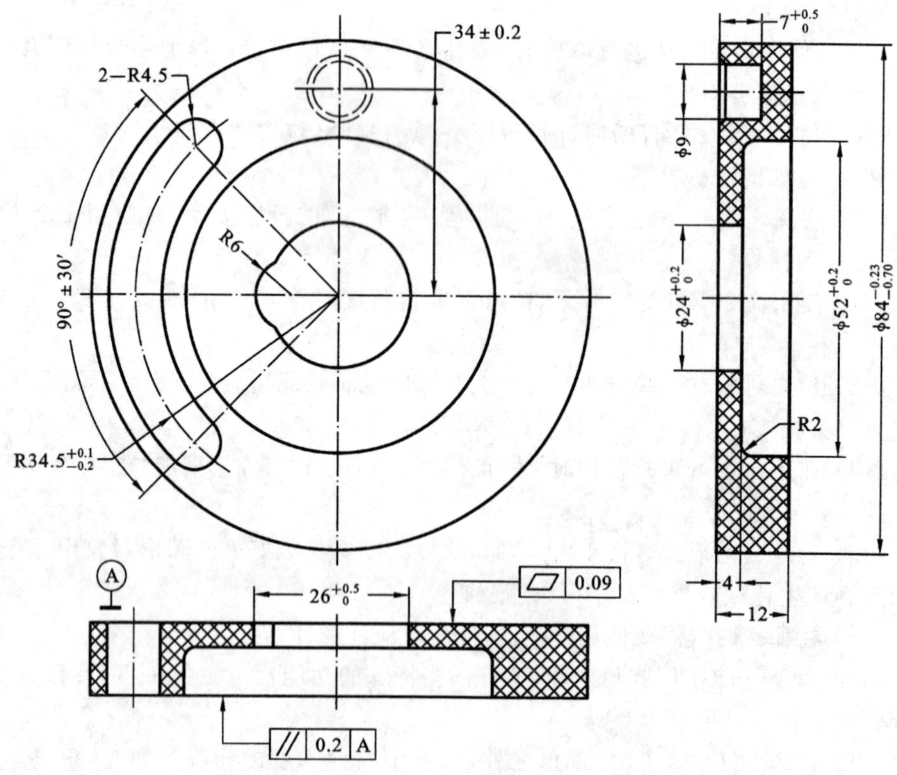

图 4-37 隔弧板

(2) NJ385 皮带轮(材料：HT200)，如图 4-38 所示。

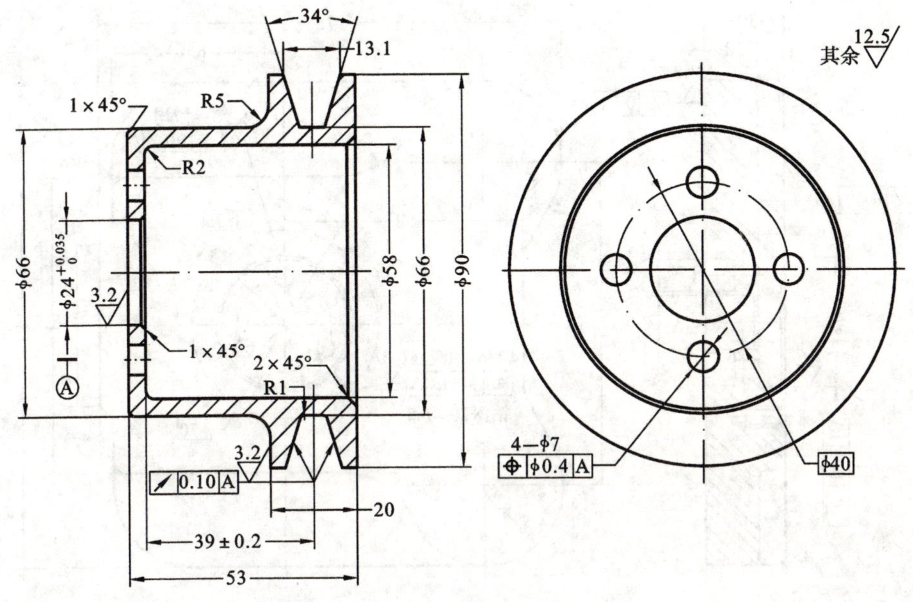

图 4-38 NJ385 皮带轮

(3) 凹模座(材料:HT200,时效处理,未注倒角 1×45°),如图 4-39 所示。

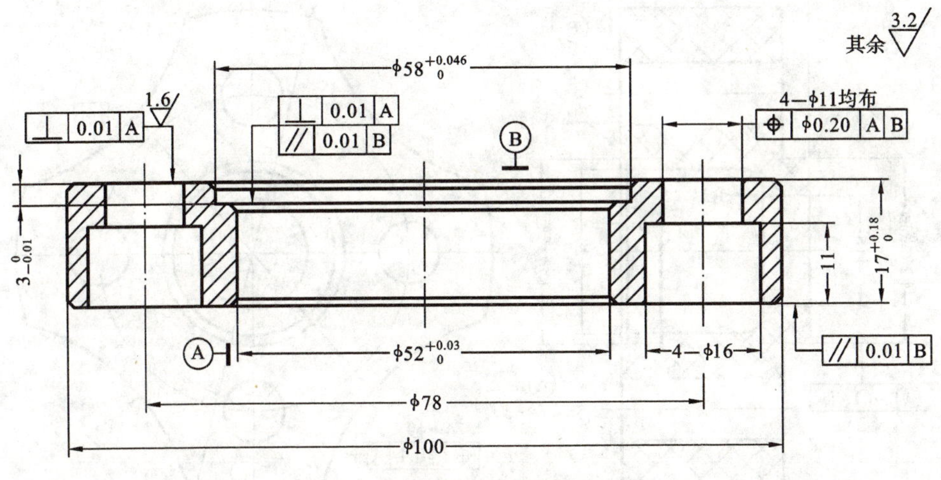

图 4-39 凹模座

(4) 凸模座(材料:HT200,未注倒角 1×45°,未注铸造圆角 $R2\sim R3$),如图 4-40 所示。

(5) 风扇垫块(材料:酚醛塑料+玻璃钢丝),如图 4-41 所示。

(6) 汽车冷却水泵叶轮(材料:HT200),如图 4-42 所示。

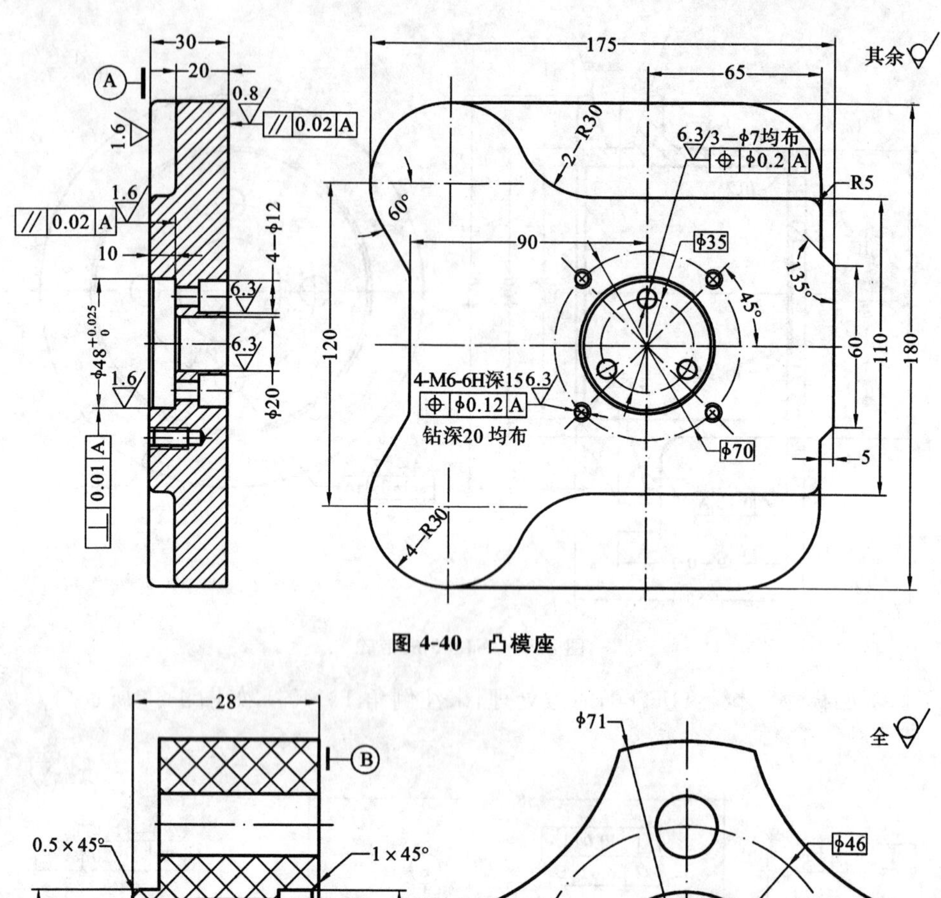

图 4-40　凸模座

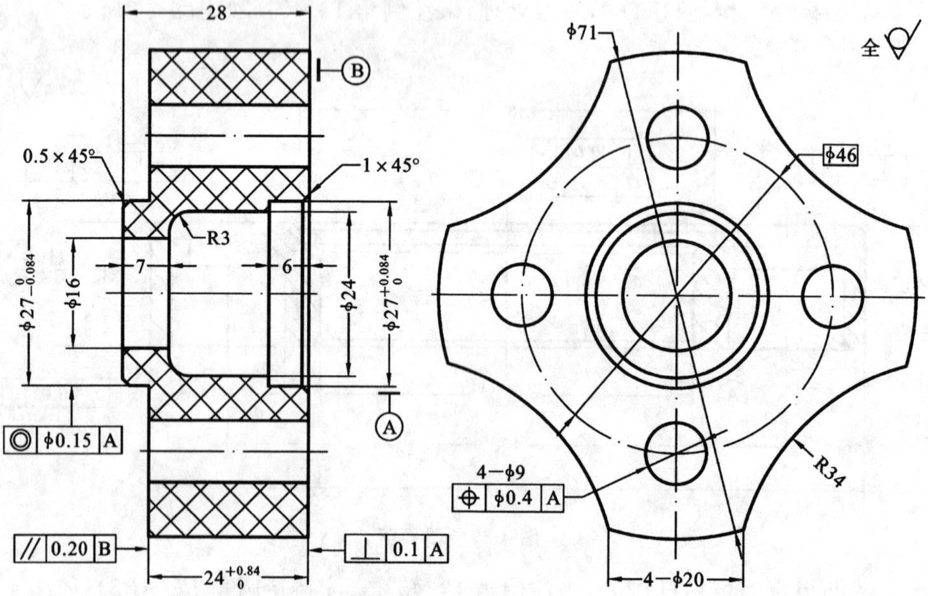

图 4-41　风扇垫块

3.5
R25
R25
B
B
φ42
R1.75
15.88$^{+0.018}_{0}$
φ114
φ17$^{+0.027}_{0}$
A
B—B
6—3
1 : 20
R5
6.3
15$_{-0.18}^{0}$
其余
3$^{+0.5}_{0}$
R15
R22
1×45°
φ98$^{+0.35}_{0}$
φ23
150°
φ25$^{+0.084}_{0}$
φ30
φ62
12$_{-0.43}^{0}$
6.3
0.15 A
3.2
32$_{-0.16}^{0}$
6.3
0.15 A
36$^{+0.52}_{0}$
技术要求
1.铸件不允许有砂眼，气孔等铸造缺陷；
2.未注圆角R2—R3，拔模斜度1°30″ 。

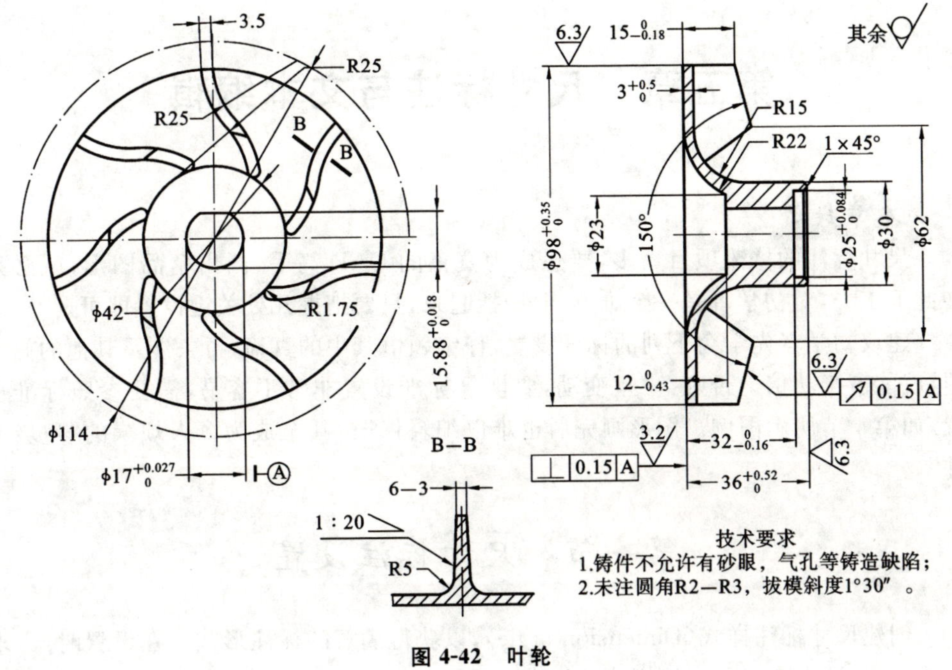

图 4-42　叶轮

第五章 尺寸标注与文本编辑

本章提示

尺寸标注的修改项目繁多，要想成为真正的CAD高手，画出精品图形，就必须在此下工夫，对初学者是一个难点，但概括起来，只要把握几处关键设置即可。

建议初学者先学会下列的标准设置，仔细领悟其中的真谛，再去涉及其他的修改项，就能事半功倍。否则，一旦变动，要恢复标准设置非常不容易，需要参照标准设置，如第一节所示图例。图形画完后也难以编辑修改，甚至成为令人烦躁的“垃圾文件”。

第一节 尺寸标注设置

创建尺寸标注样式(Dimension style)，以获得满意的标注形式。在设置时，力求简洁方便，通常有三种标注样式就能满足需要。

1. 启动方法

快捷键D、【标注】工具栏图标 、菜单Dimension→样式(S)...

2. 命令行

D DIMSTYLE

弹出【标注样式管理器】对话框，如图5-1所示。

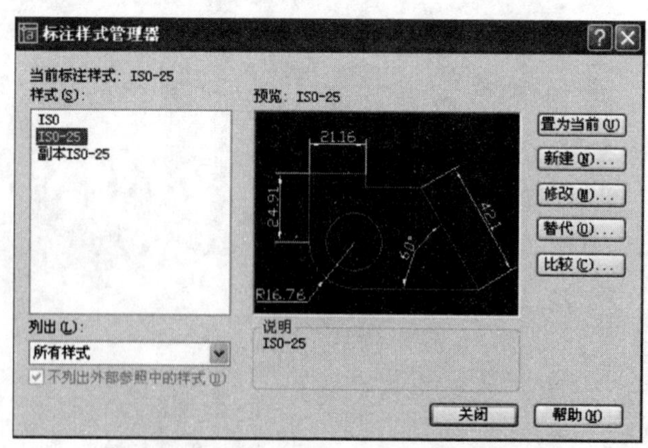

图5-1 【标注样式管理器】对话框

3. 操作步骤

(1) 样式：ISO、ISO-25、副本ISO-25。

技巧:通常在完全设置好一种样式之后,再在此基础上新建另外两个样式,这样可以省略相同的设置。

样式管理器对于标好尺寸至关重要,要完成一幅图,往往需要一半以上的时间来标注,标注的好坏直接影响作图质量,所以非常重要。

(2) 修改:弹出【修改标注样式:ISO】对话框,如图 5-2 所示。

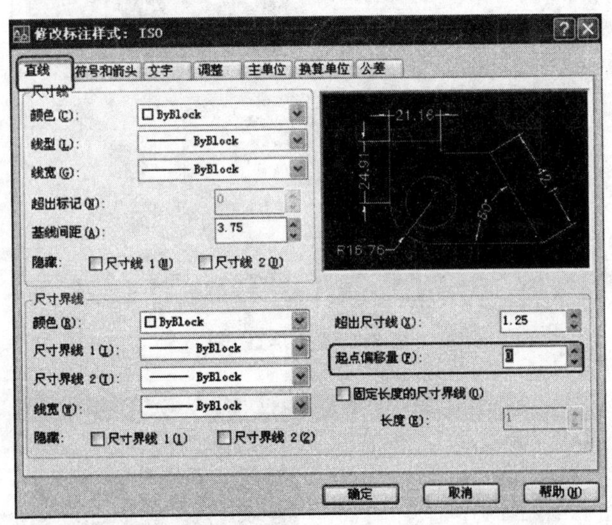

图 5-2 【直线】修改

直线和箭头→起点偏移量(F):0.625→0。

提示:建议每次只要改动一个数字,其他地方按原样坚决不要改动,否则会产生设置混乱,产生不必要的麻烦,如果设置不小心变动了,可参照图示还原。

(3) 文字:置换界面,如图 5-3 所示。

文字位置　垂直:置中——ISO

　　　　　　　上方——ISO-25

文字对齐　◉ 与尺寸线对齐——ISO

　　　　　◉ ISO 标准——ISO-25

提示:ISO 标注样式在"文字"栏设置为

垂直——置中;

文字对齐——与尺寸线对齐。

ISO-25 标注样式在"文字"栏设置为

垂直——上方;

文字对齐——ISO 标准。

(4) 调整:置换成界面,如图 5-4 所示。

调整选项 ◉ 文字或箭头(最佳效果)

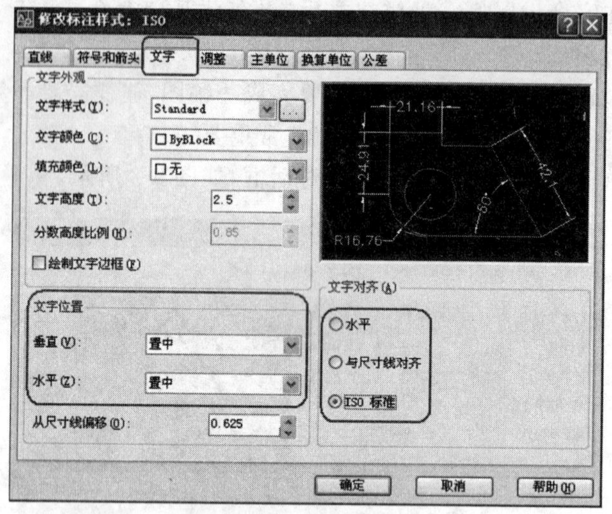

图 5-3　【文字】修改

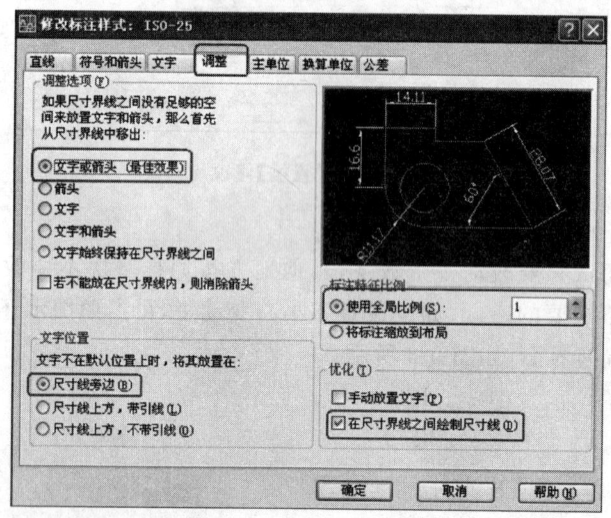

图 5-4　【调整】修改

文字位置 ◉ 尺寸线旁边(B)

标注特征比例 ◉ 使用全局比例(S)：1

调整 ☑ 在尺寸界线之间绘制尺寸线(D)

提示：在【调整】栏设置为如图所示的“1112”，即为第 1 项、第 1 项、第 1 项、第 2 项。

为了便于记忆，把它变为口诀，就不容易出错。

尺寸标注过大或过小，只要修改全局比例，千万不要去改数字或其他地方，这样会造成标注的箭头和数字不协调，这是初学者最易犯的错误。

(5) 主单位：小数分隔符(C)→‘.’(句点)，如图 5-5 所示。

提示：小数点按标准是用“点”而不是“逗号”，所以选择“句点”。

标注样式“ISO”不要加前缀，所以前缀后的方框内不填；而样式“ISO-25”前缀要加 ϕ，用于标注直径尺寸，所以在前缀后的方框内填入%%C(ϕ 的代号)。

一般尺寸和角度的精度都设为小数点后两位，用小数点后 2 个 0 表示，同时，小数点后最后的零应清除。

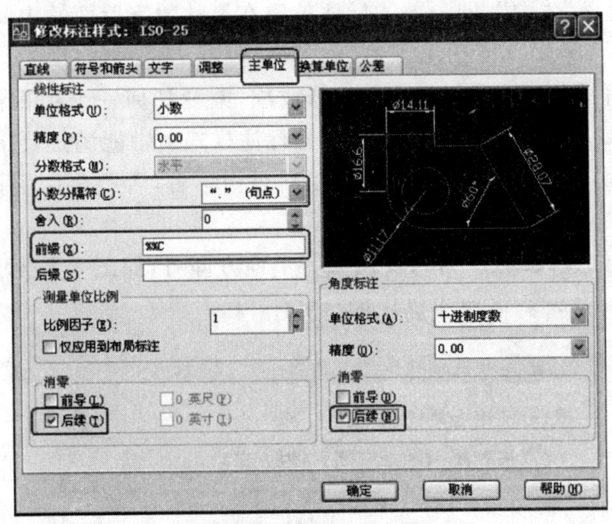

图 5-5　【主单位】修改

(6) 公差：置换成界面，如图 5-6 所示。

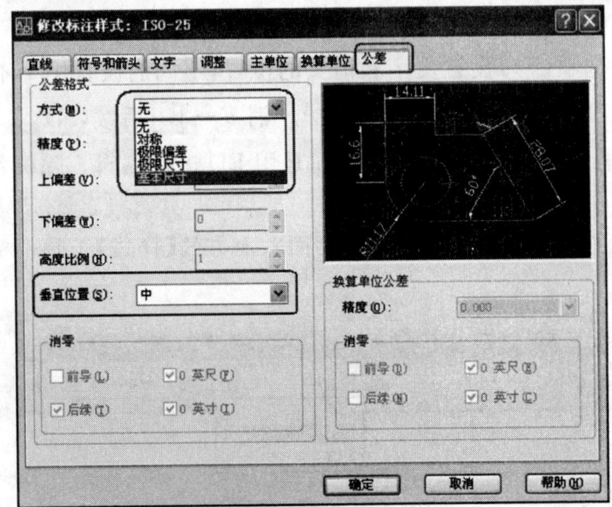

图 5-6　【公差】修改

副本 ISO-25——基本尺寸(理论正确尺寸)。

提示:标注样式 ISO 和 ISO-25 在公差对话框中的方式后的下拉菜单中都是选“无”,即没有任何公差,由于实际标注尺寸的公差一般都不相同,所以,凡是要标注公差的尺寸直接进行编辑修改,这样更方便合理。

副本 ISO-25 在前面的设置都与 ISO-25 相同,只是公差设置为“基本尺寸”,即用方框把尺寸数字框起来,这种尺寸也叫理论正确尺寸,专门用于标注孔系的位置尺寸,其公差由位置度来保证。

垂直位置设置为“中”,即公差的标注位置在尺寸数字后面的中间位置。

4. 技巧

(1)【标注样式管理器】中有几十个修改项,改变任何一个项目都会成为不同的标注样式,所以要尽量简单明了。上述三种标注样式通常能满足要求,除按上述修改项进行设置外,其他项目一般不要改动,尤其对初学者,否则会产生许多不必要的麻烦。

(2) 尺寸标注过大或过小,只要调整一个地方即可,如图 5-7 所示。

标注特征比例→ ◉ 使用全局比例(S):1

图 5-7　标注特征比例

(3) 其他常会用到的修改项。

直线和箭头→箭头:设置箭头的形式

调整→调整选项(F):设置文字和箭头的位置,不同的设置用于不同的场合。

主单位→角度标注→精度 0.00(两位)→消零→ ☑ 后续(N)。

公差:尽量避免在此设置其他公差,而是用 ED 进行编辑。除标注理论正确尺寸之外。

(4) 选取标注样式。可直接在绘图界面右上方的【样式】工具栏中选取,如图 5-8 所示。

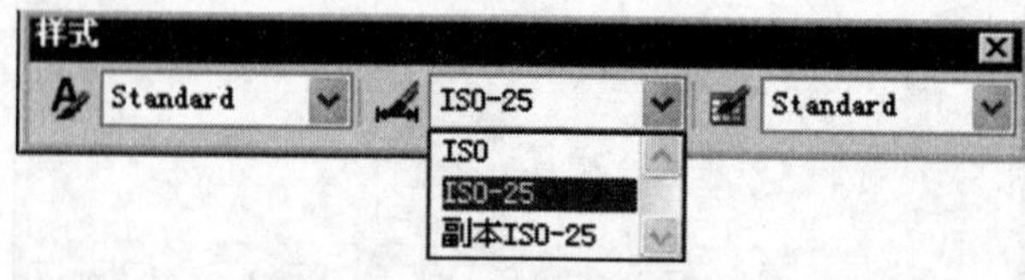

图 5-8　【样式】工具栏

第二节　尺寸标注类型

标注尺寸时，通常直接点选工具图标，所以一般把【尺寸标注】工具栏竖放在右侧，靠近绘图区的地方，便于右手操作鼠标去点选（其右边是【对象捕捉】工具栏），缩短光标移动距离。

一、线性标注 Linear：标注线性尺寸

线性标注包括以下六种标注：水平尺寸、垂直尺寸、平齐尺寸、旋转尺寸、基线标注、连续标注，如图 5-9 所示。

1. 启动方法

图标 、菜单 Dimension→Linear。

2. 命令行

Specify First extension Line origin or＜select object＞：指定第一条尺寸界线原点或＜选择对象＞：

Specify Second extension Line origin：指定第二条尺寸界线原点：

Specify Dimension line location or　指定尺寸线位置或

［Mtext(M)/Text(T)/Angle(A)/Horixontal(H)/Vertical(V)/Rotated(R)］：

［多行文字(M)/文字(T)/角度(A)/水平(H)/垂直(V)/旋转(R)］：

Dimension text＝36　标注文字＝36

3. 操作步骤

→捕捉一点→捕捉另一点→把尺寸放到适当位置→左击。

4. 技巧

(1) 注意捕捉尺寸界线原点。设置方法如下。

草图设置→对象捕捉、起点偏移量(F)：0.625→0。

(2) 通过设置命令行中的变量 M、T、A、H、V、R 可改变标注方式。

5. 实例

例 5-1　绘制隔套（材料：镀锌管，未注倒角为 0.5×45°），如图 5-10 所示。

图 5-9　【尺寸标注】工具栏

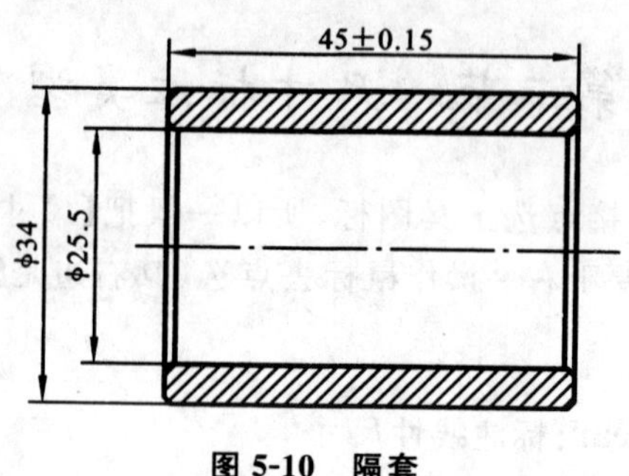

图 5-10　隔套

二、对齐标注 Aligned：标注斜线、斜面的尺寸

1. 启动方法

图标 、菜单 Dimension→Aligned。

2. 命令行

Specify First extension Line origin or<select object>：指定第一条尺寸界线原点或<选择对象>：

Specify Second extension Line origin：指定第二条尺寸界线原点：

Specify Dimension line location or　指定尺寸线位置或

[Mtext(M)/Text(T)/Angle(A)]：[多行文字(M)/文字(T)/角度(A)]：

Dimension text＝36　标注文字＝36

3. 操作步骤

→捕捉一点→捕捉另一点→把尺寸放到适当位置→左击。

4. 技巧

注意捕捉尺寸界线原点，有时需要应用对象捕捉，来捕捉切点或垂足。

5. 实例

例 5-2　绘制 6106QC 冷却水泵皮带轮(材料：HT200)，如图 5-11 所示。

提示：皮带槽的厚度为 5，标注时，先作一根垂直于斜槽的辅助线，再利用对齐标注，标出尺寸 5。

三、半径标注 DIM Radius：标注圆或圆弧的半径

1. 启动方法

图标 、菜单 Dimension→Radius。

2. 命令行

Select arc or circle：选择圆弧或圆：

Dimension text＝36　标注文字＝36

Specify Dimension line location or[Mtext(M)/Text(T)/Angle(A)]：

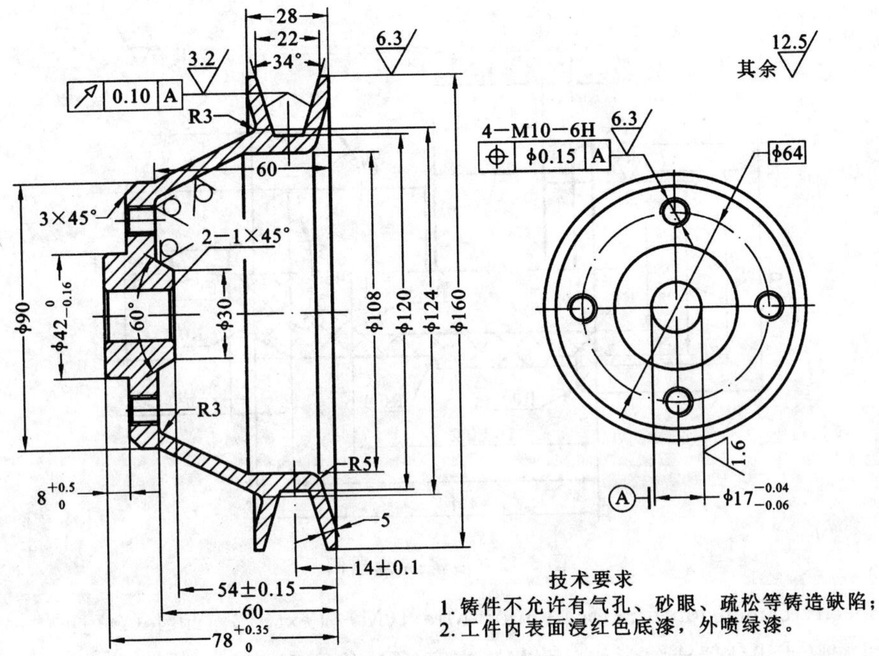

图 5-11　6106QC 皮带轮

指定尺寸线位置或[多行文字(M)/文字(T)/角度(A)]:

3. 操作步骤

单击 →选取圆弧→把尺寸放到适当位置→左击。

4. 技巧

(1) 尺寸线的折弯设置:D→修改→文字→ISO 标准。

(2) 去掉圆心到弧的一段尺寸线:D→修改→调整→调整选项(选择合适项)。

(3) 放置尺寸线时,注意十字光标不要捕捉其他图线的点,否则会与该实体重合。

5. 实例

例 5-3　绘制活塞-完爆器阀(材料:PA6+GF30%,黑色),如图 5-12 所示。

提示:本图为半剖视图,为了标注内径,需要把尺寸线断开。

四、直径标注 DIM Diameter:标注圆或圆弧的直径

1. 启动方法

图标 、菜单 Dimension→Diameter。

2. 命令行

Select arc or circle：选择圆弧或圆：

Dimension text＝100　标注文字＝100

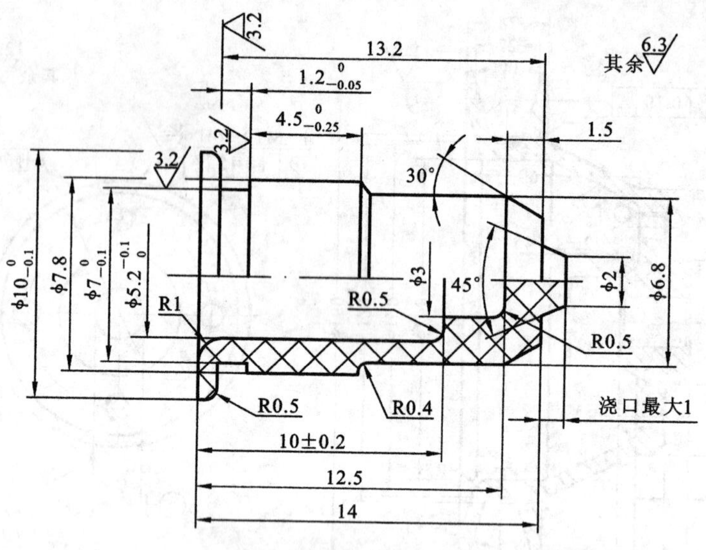

图 5-12　活塞-完爆器阀

Specify Dimension line location or[Mtext(M)/Text(T)/Angle(A)]:

指定尺寸线位置或[多行文字(M)/文字(T)/角度(A)]:

3. 操作步骤

单击 →选取圆弧→把尺寸放到适当位置→左击。

4. 技巧

(1) 直径标注常用于超过半圆的弧或圆。

(2) 直径标注的编辑,可先用 X“炸开”,再进行修改。

5. 实例

例 5-4　绘制转子轴承盖(材料:08,未注圆角为 *R*1,表面发蓝),如图 5-13 所示。

五、角度标注 DIM Angular:标注角型尺寸

1. 启动方法

图标 、菜单 Dimension→Angular。

2. 命令行

Select arc,circle,line or<Specify vertex>:　选择圆弧、圆、直线或<指定顶点>:

Select Second Line:选择第二条直线:

Dimension arc line location or[Mtext(M)/Text(T)/Angle(A)]:

指定标注弧线位置或[多行文字(M)/文字(T)/角度(A)]:

Dimension text=150　标注文字=150

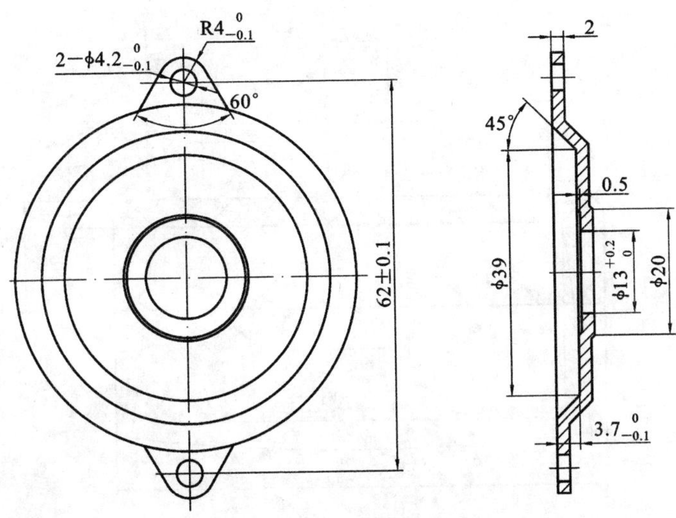

图 5-13　转子轴承盖

3. 操作步骤

(1) 单击 →选取角的一条边线→选取另一条边线→把尺寸放到适当位置→左击。

(2) 单击 →右击→选取角的一个端点→选取角的另一个端点→把尺寸放到适当位置→左击。(三点确定一个角。)

4. 技巧

(1) 选取圆或圆弧标角度,圆心即为该角的顶点。

(2) 标注角度的设置:D→修改→主单位→角度标注(单位格式/精度)、消零。

5. 实例

例 5-5　绘制膜片夹片(材料:聚丙烯),如图 5-14 所示。

六、快速引线 Quick Leader:进行快速引线,引线和注释是关联的

1. 启动方法

快捷键 LE、图标 、菜单 Dimension→Leader(引线)。

2. 命令行

Specify first leader point or[setup(S)]＜S＞:　指定第一个引线点或[设置(S)]＜设置＞:

Specify next point:指定下一点:

Specify text width＜0＞:指定文字宽度＜0＞:

Enter first line of annotation text＜Mtext＞:输入注释文字的第一行＜多行文字(M)＞:

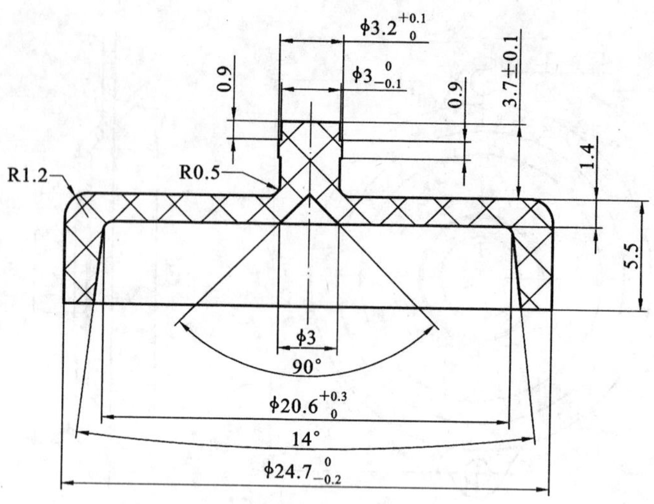

图 5-14 膜片夹片

3. 操作步骤

单击 →左击→左击(F8)→左击→右击→右击→弹出【文字格式】对话框，编辑文字→确定。

4. 技巧

(1) 只要指引线的操作：单击 →左击→左击(F8) (→左击→右击)→Esc。

(2) 指引线设置：单击 →S→弹出【引线设置】对话框，设置→直线/样条曲线、点数等。

5. 实例

例 5-6 绘制螺旋盖(材料：ABS)，如图 5-15 所示。

七、形位公差 Tolerance：标注形位公差

1. 启动方法

快捷键 TOL、图标 、菜单 Dimension→Tolerance(公差)。

2. 命令行

_tolerance

弹出【形位公差】对话框，如图 5-16 所示，点击符号框；弹出【特征符号】，如图 5-17所示。

3. 操作步骤

单击 →弹出对话框，点击符号图标框→选取特征符号(⊕)→公差值(0.05)，前面加注符号 ϕ、基准 A→确定→ ⊕ | ∅0.05 | A ，再点击放置位置。

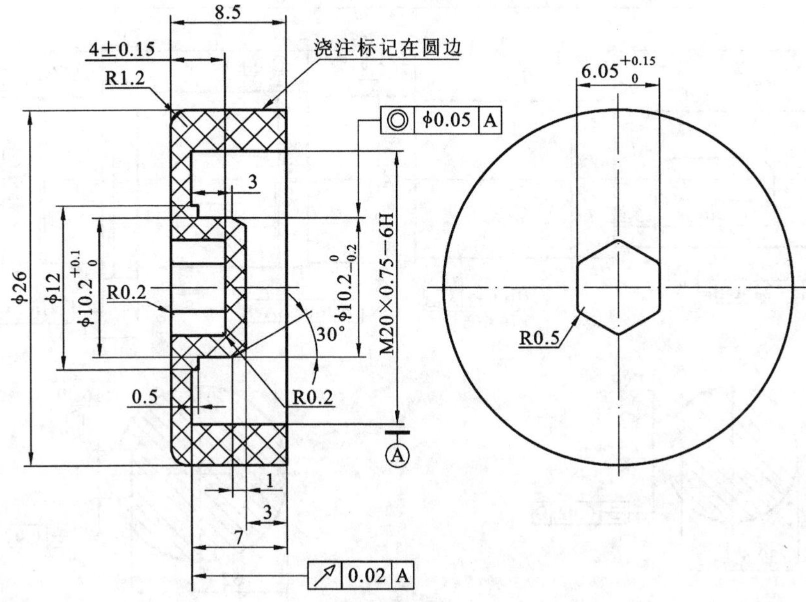

图 5-15 螺旋盖

4. 技巧

可以单独标注,也常和快速引线结合起来标注。

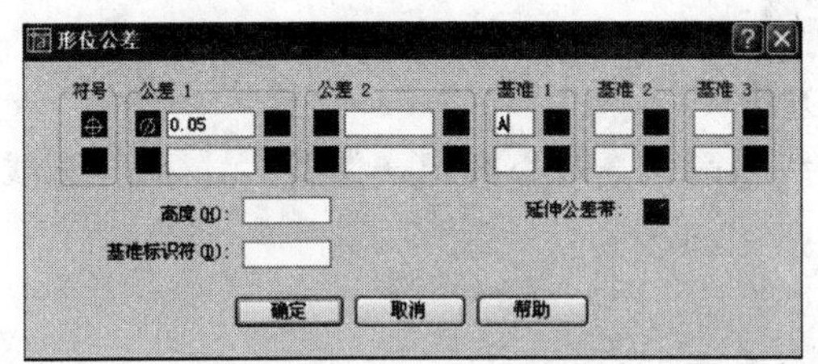

图 5-16 【形位公差】对话框

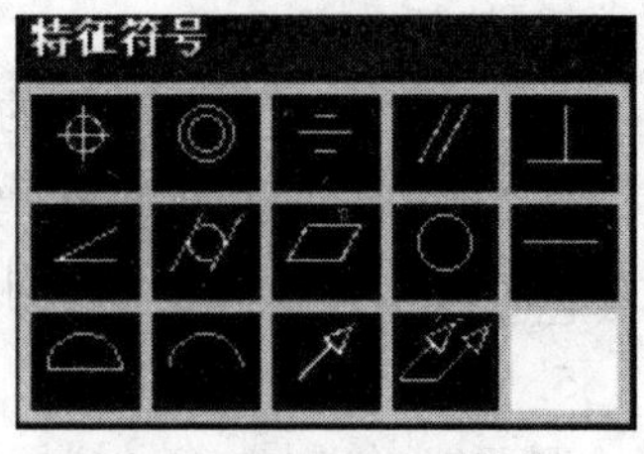

图 5-17 【特征符号】选项卡

5. 实例

例 5-7 绘制变速箱轴(材料:45 钢,未注倒角为 1×45°),如图 5-18 所示。

八、中心标注 DIM Center:圆或圆弧的中心点标注,应用于找圆心或画十字中心线

1. 启动方法

快捷键 DEC、图标 ⊙ 、菜单 Dimension→Center。

2. 命令行

_dimcenter

Select arc or circle:选择圆弧或圆:

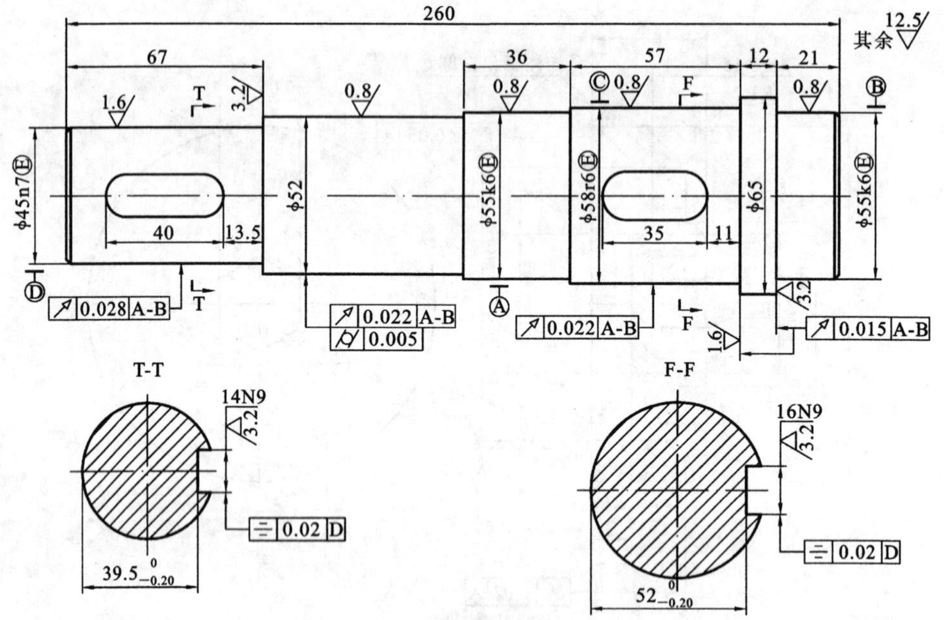

图 5-18　变速箱轴

3. 操作步骤

单击 →点选圆弧或圆→显示圆心。

4. 技巧

(1) 这是画十字中心线的一种简便方法。

(2) 中心点显示设置:D→修改→直线和箭头→圆心标记→类型:无/标记/直线、大小 0.09 ,修改类型和大小。

5. 实例

例 5-8　绘制端盖(材料:黑色尼龙 1010),如图 5-19 所示。

九、编辑标注文字 DIMTEDIT:更改尺寸文本位置

1. 启动方法

图标 、菜单 Dimension→对齐文字▶。

2. 命令行

_dimtedit

选择标注,指定标注文字的新位置或[左(L)/右(R)/中心(C)/默认(H)/角度(A)]:

3. 操作步骤

单击 →点选尺寸→点击新位置(尺寸随着光标移动)。

4. 技巧

(1) 此命令是在尺寸标注过程中,使用最频繁的命令之一,能很方便地把尺寸放

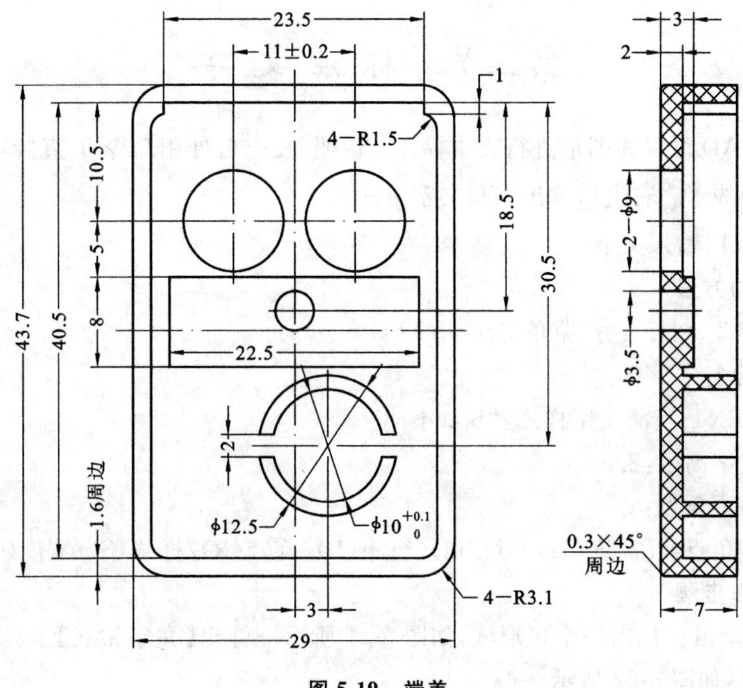

图 5-19　端盖

到任意位置。

(2) 单击 →点选尺寸后，可利用 L、R、C、A 或标注→倾斜等设置。

(3) 双击尺寸，弹出【特性】对话框(MO)，可对尺寸进行全面设置。

5. 实例

例 5-9　绘制罩(材料：聚丙烯)，如图 5-20 所示。

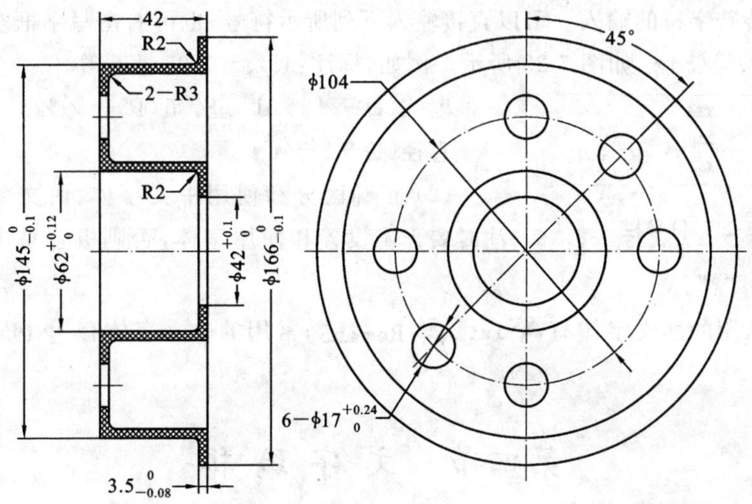

图 5-20　罩

第三节　标注文字

AutoCAD 可以为图形进行文本标注和说明，在空白处用命令 T 直接写入文字，或用快速引线右击后弹出书写文字对话框。

Text—T：输入文字。

1. 启动方法

快捷键 T、图标、菜单 Draw→Text ▶。

2. 命令行

T MTEXT 当前文字样式："Standard"

当前文字高度：2.5

指定第一角点：

指定对角点或[高度(H)/对正(J)/行距(L)/旋转(R)/样式(S)/宽度(W)]：

3. 操作步骤

T→拖动鼠标拉出一个矩形框，如图 5-21 所示→弹出【文字格式】工具栏→输入文字→确定，如图 5-22 所示。

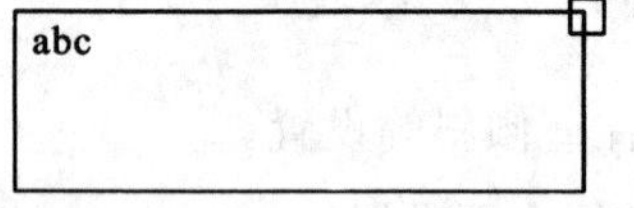

图 5-21　【文字输入】矩形框

图 5-22　【文字格式】工具栏

4. 技巧

(1) 特殊字符的输入。可以直接输入下列所示符号，也可右击写字框空白处，弹出菜单→符号(S)▶，如图 5-23 所示。例如，标注：45°、±0.05、ϕ25 等。

度数(D)	%%d
正/负(P)	%%p
直径(I)	%%c

图 5-23　符号栏

度数(D)—%%d　正/负(P)—%%p

直径(I)—%%c

(2) 正确区分和使用中文字体、西文字体，在标注时要正确设置和使用字体，否则极容易出现乱码，或显示"口""?"。

(3) 常用的西文字体有 Txt、RomanS；常用的中文字体有 仿宋_GB2312 等。

第四节　文字编辑

AutoCAD 可以对所绘图中的文字和尺寸数字进行编辑与修改，操作方法是先设定一种格式进行标注，再把它复制后进行修改。这有利于标注的标准化和格式化，使得在绘图中文本的标注能力大为增强，在实际使用中要注意灵活运用，使标注简洁、美观、标准。

一、Edit—ED：编辑

1. 启动方法

快捷键 ED、菜单 Modify→对象→文字→编辑。

2. 命令行

ED DDEDIT

选择注释对象或放弃

弹出【文字格式】对话框，如图 5-24 所示。

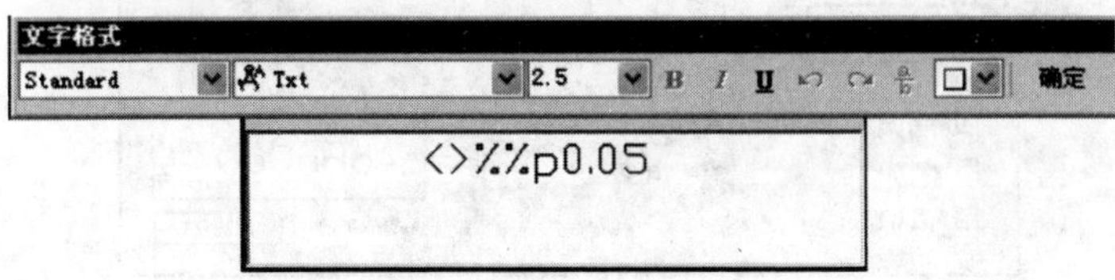

图 5-24 【文字格式】对话框

3. 操作步骤

ED→空格键→点选文字或注释→修改完后按确定→右击。

4. 技巧

(1) ＜ ＞代表默认值，即实际尺寸。

(2) 先确定一个文本格式，再利用快捷键 CO→ED，可以使所有的文本格式都相同。如填写标题框，可先写好一处，再进行复制，最后用 ED 修改编辑。

5. 实例

例 5-10 绘制顶料套(材料:45 钢，热处理调质 HRC28～31)，如图 5-25 所示。

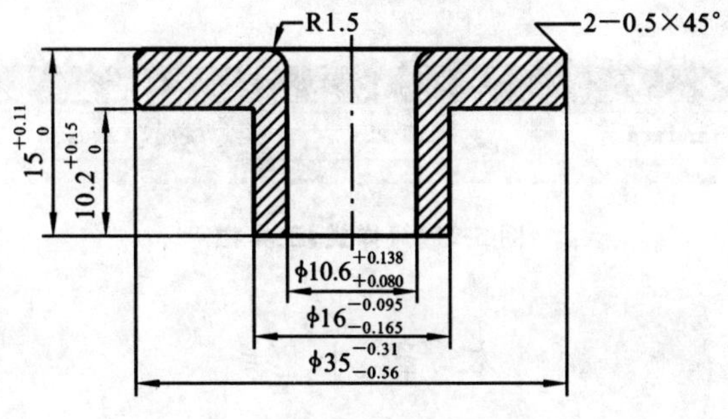

图 5-25 顶料套

二、文字样式 Style—ST:给文本定义一种默认样式

1. 启动方法

快捷键 ST、菜单 Format→文字样式(S)。

2. 命令行

ST STYLE

弹出【文字样式】对话框如图 5-26 所示。

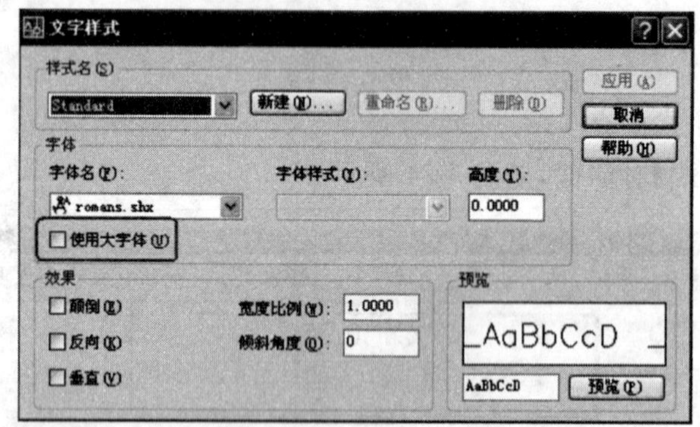

图 5-26 【文字样式】对话框

3. 操作步骤

ST→空格键→弹出【文字样式】对话框→新建→选取合适的字体→应用→关闭。

4. 技巧

(1) Standard 文字样式不能被删除和重命名,但可更改其字体。

(2) 去掉勾选:"□使用大字体(U)",否则极容易出现乱码。

(3) 一般西文和中文各设置一种样式。如:

Standard—— Txt.shx,样式 1—— 仿宋_GB2312

(4) 工具栏【样式】→文字样式管理器,把文字修改为已存在的文字样式,如图 5-27所示。

图 5-27 【样式】工具栏

本 章 小 结

AutoCAD 真正的难点并不是画图,而是在于标注,即如何又快又好地进行尺寸标注和文字编辑。要完成一幅图,标注要占用绝大部分的时间,且有时花了许多时

间，而标注还是不尽如人意，所以，要精通 AutoCAD，并成为 AutoCAD 高手，就应该花工夫去学好尺寸标注。每一根图线、每一个符号、每一个标注，都不能随随便便，都要思考为什么这样画、这样标注。这当然与机械制图的功底有关，这就要求在学习和工作中，养成认真负责、耐心细致、一丝不苟和严谨的优良作风。

一、尺寸标注设置

标注样式一般有 3 个就能满足要求，像图层一样，太多会增加尺寸编辑的难度。

记住几个需要修改的地方：尺寸界线起点偏移量设置为“0”；文字对齐确定标注尺寸时是否能“转弯”；使用全局比例以调整标注的大小，使之与图形相协调；小数分隔符设置为句点；尺寸精度设置为小数点后面两位，并消零；公差在垂直位置设为“中”。

二、尺寸标注类型

常用的有线性标注、半径标注、直径标注和角度标注；对于斜线的标注要用对齐标注；快速引线用于引出箭头；形位公差可专门用于标注各种形位公差，而不必去画格子；中心标注可使没有中心线的圆自动产生十字中心线；编辑标注文字命令可用于改变标注的位置，在编辑尺寸时使用最多，一定要熟练掌握。

三、标注文字

直接输入命令 T，拉出一个方格，就可以输入文字。输入文字时一定要注意字体，否则容易出现乱码，或字体不能符合要求，字体可以预先设置，也可临时选择。要输入一些特殊符号时，在文字格式工具栏上有符号下拉菜单，可以选取，也可在文字输入法中去选取。尤其要掌握公差的输入方法。

四、文字编辑

命令 ED 专门用于文字编辑，把“使用大字体”前面的勾选取消，就可省掉很多不必要的麻烦。“<>”代表默认值，即实际尺寸，通常不要去更改数字，这样可以及时发现图形是否绘制正确。

课外练习五

1. 复习思考题

(1) 标注尺寸时，尺寸界线的起点与所标注的图线相距一个很小的距离，可点击尺寸时，夹点却在所标注的图线上，这是什么原因？应如何解决？

(2) 标注尺寸时，经常会出现明明是按整数尺寸画的图形，可标出的尺寸数字是小数，而且往往是一些很奇怪的小数，这是什么原因造成的，有解决的好办法吗？

(3) 标注尺寸时,尺寸数字紧贴在尺寸线上,很不好看,应如何解决?

(4) 尺寸的小数点是逗号,应如何让小数点变成一个点?

(5) 如何去掉尺寸数字小数点后面无用的零?

(6) 标注尺寸时,出现尺寸的颜色与所在的图层颜色不一致,而且利用图层中的颜色设置,怎样都无法改过来,通常要如何解决?是哪里出了问题?

(7) 有时标注尺寸出现尺寸极不协调的现象,如尺寸数字过大,而箭头又太小,出现这种现象往往很难还原,应如何避免这种现象?

(8) 如何标注尺寸的上下偏差?如何设置尺寸数字与公差的位置?

(9) 什么是理论正确尺寸?理论正确尺寸外面的方框可以直接标出来吗?

(10) 如果一个图中,有许多直径尺寸,有必要每一个都去修改加"ϕ"吗?有什么好办法?

(11) 在同一幅图中,如何使标注的尺寸数字与其他注释的文字及符号的字体和大小相一致?

(12) 两条平行的斜线之间的距离尺寸应如何标注?

(13) 剖切符号和基准符号中的短粗线是如何画出来的?标注这些符号有什么好方法?

(14) 如何捕捉过渡圆弧的中心点?如何快速画出圆弧的十字中心线?

(15) 标注中出现"□""?"等是什么符号?应如何避免这种现象?

(16) 如何标注"ϕ" "±" "°"等符号?可以用键盘直接输入这些符号吗?

(17) 为什么要把文字样式中"使用大字体"前面的勾选去掉?不去掉会出现什么问题?

(18) 尺寸标注后,发现尺寸放置的位置不太合理,应使用什么命令进行调整?

(19) 尺寸数字与公差出现不协调,有时不在同一直线上,偏上或偏下,或公差数字显得太小,应如何调整?

(20) 如何把已标注的尺寸数字放到指引线或形位公差的上面?

2. 绘图题:用 AutoCAD 绘制下列图形。

(1) 绘制 BJ136 前制动分泵调隙活塞(材料:冷拉圆钢 Y20),如图 5-28 所示。

(2) 绘制油阀体钢片(材料:08,表面镀锌),如图 5-29 所示。

(3) 绘制电器插头(材料:酚醛塑料),如图 5-30 所示。

(4) 绘制 90°弯头(材料:改性聚苯乙烯),如图 5-31 所示。

(5) 绘制挂钩(材料:尼龙 1010),如图 5-32 所示。

(6) 绘制塑料底板(材料:酚醛塑料 4010),如图 5-33 所示。

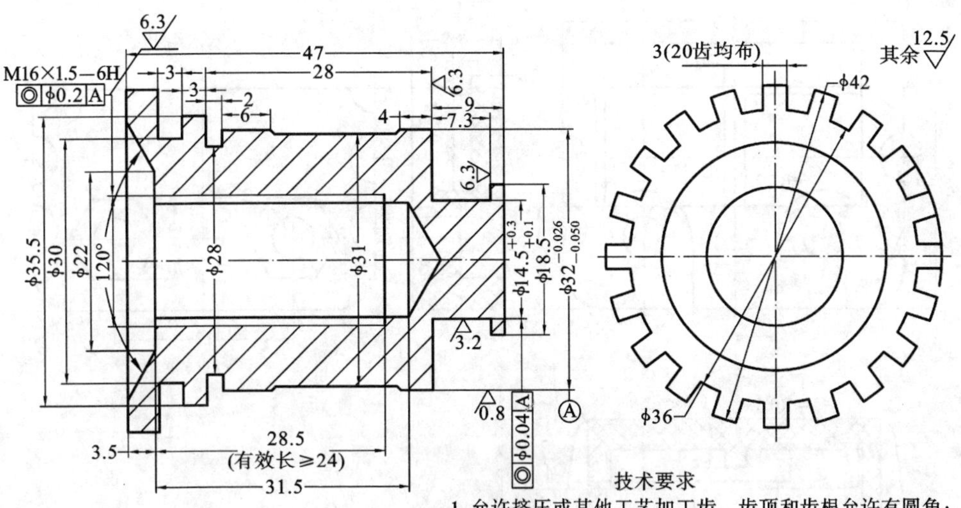

技术要求

1. 允许挤压或其他工艺加工齿，齿顶和齿根允许有圆角；
2. φ18.5端面允许有顶尖孔；
3. 去尖毛刺；
4. 表面发蓝处理不允许有锈蚀。

图 5-28　调隙活塞

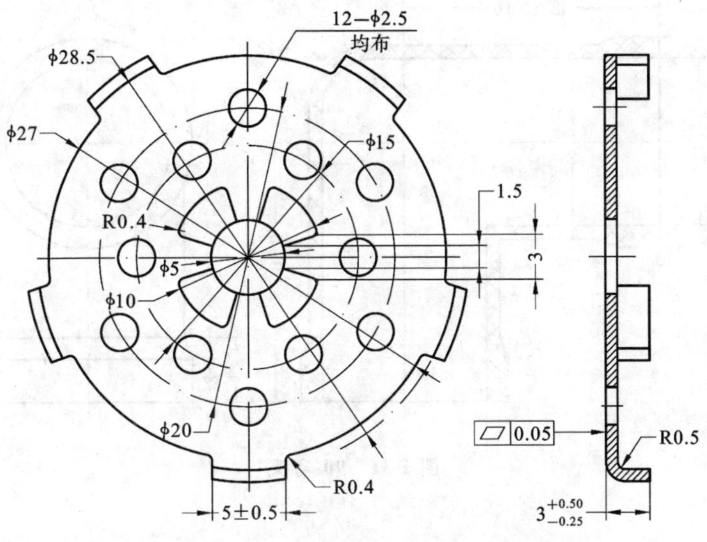

图 5-29　油阀体钢片

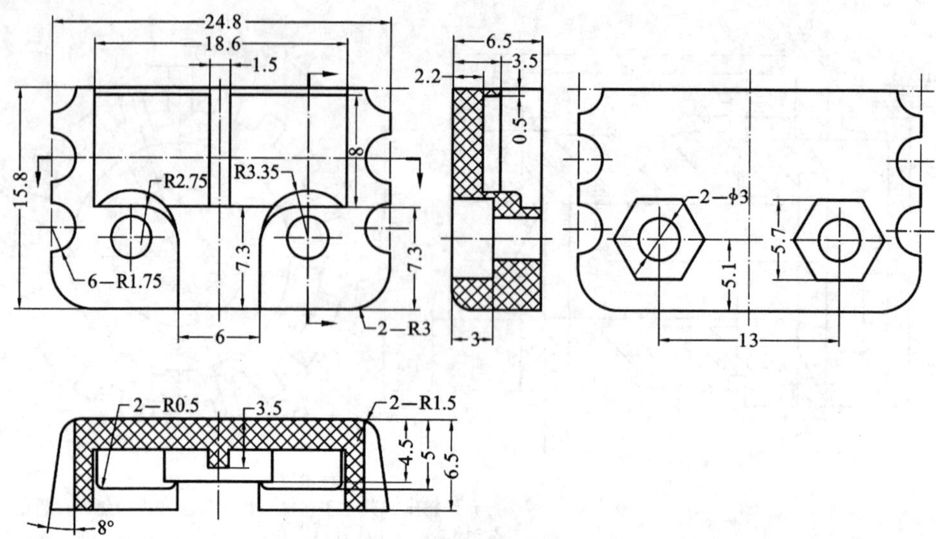

图 5-30 电器插头

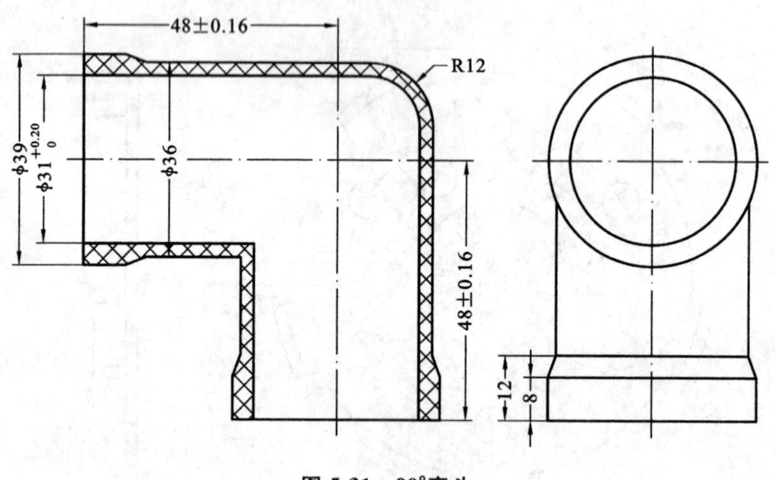

图 5-31 90°弯头

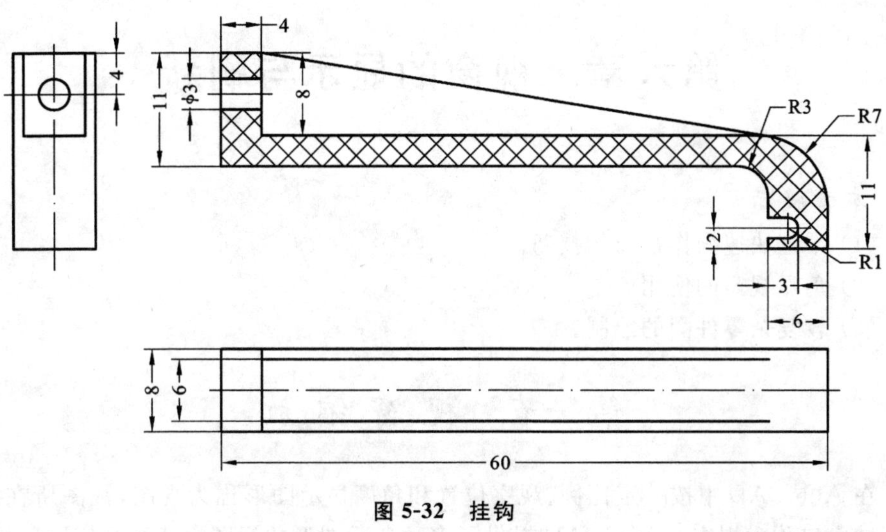

图 5-32 挂钩

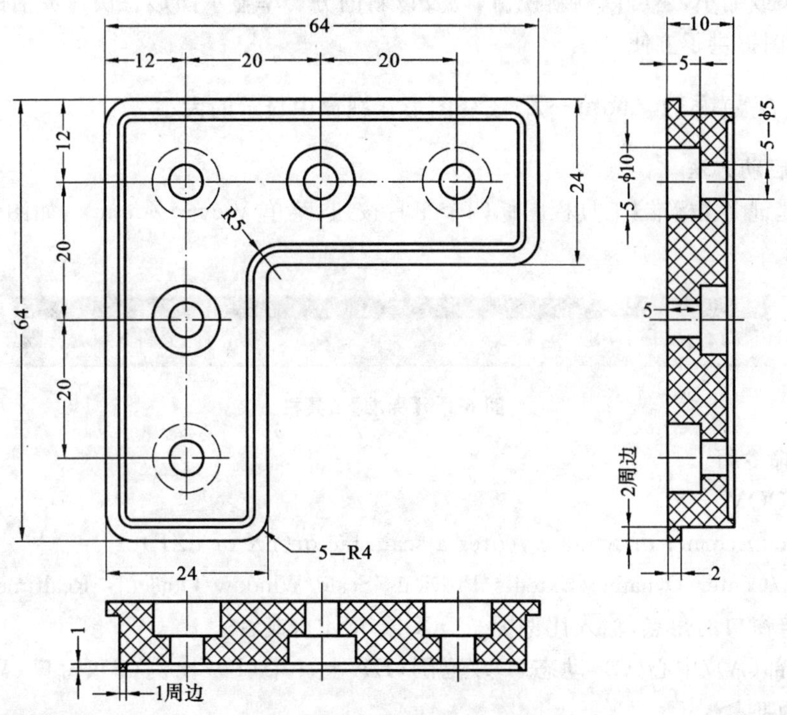

图 5-33 塑料底板

第六章　视窗的显示与刷新

本章提示

(1) 掌握快速操作视窗的技巧。

(2) 鸟瞰视窗的使用。

(3) 较复杂零件图的绘制。

第一节　视 窗 缩 放

在 AutoCAD 中按一定比例、观察位置和角度显示图形称为视图，视图所在的绘图区域窗口称为视窗。AutoCAD 提供了多种显示图形的视图方式和视窗刷新操作，可以放大或缩小，还可以刷新视窗，以及以新的分辨率显示图形。快速灵活的视窗操作，为绘图提供了方便。

一、视窗缩放 Zoom—Z：改变图形在视窗中显示的大小

1. 启动方法

快捷键 Z、【标准】工具栏图标四个工具按钮、菜单 View→Zoom ▶，如图 6-1 至图 6-3 所示。

图 6-1 【标准】工具栏

2. 命令行

Z ZOOM

Specify corner of window，enter a scale factor(nX or nXP)or

[All/Center/Dynamic/Extents/Previous/Scale/Window/Object]<Realtime>：

指定窗口的角点，输入比例因子(nX 或 nXP)，或者

[全部(A)/中心(C)/动态(D)/范围(E)/上一个(P)/比例(S)/窗口(W)/对象(O)]<实时>：

Specify opposite corner：指定对角点：

3. 操作步骤

Z→空格键→左击→左击。

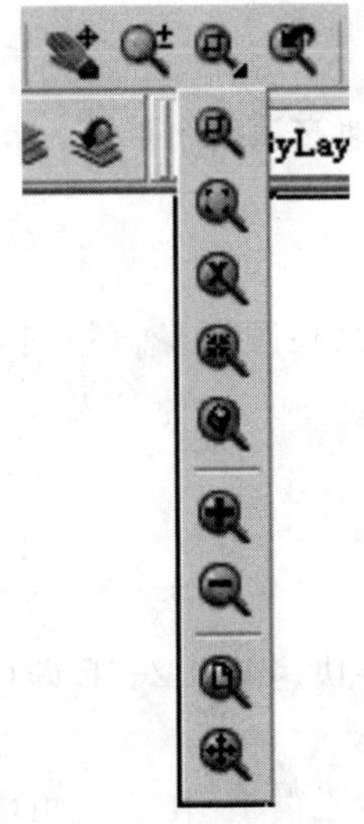

图 6-2 【缩放】下拉菜单

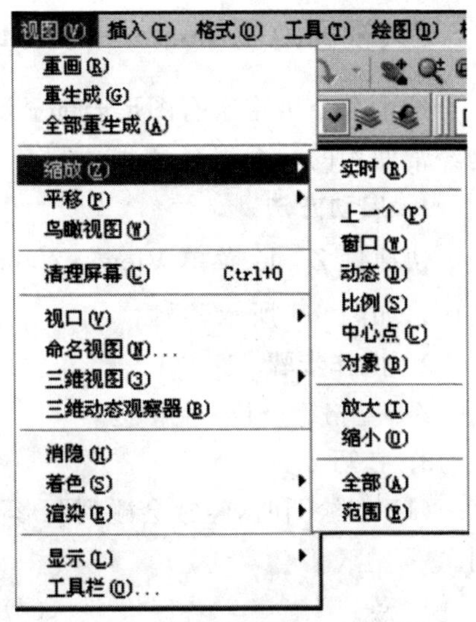

图 6-3 【视图】下拉菜单

4. 技巧

(1) 直接用矩形框放在某一区域,操作方便、实用。

(2) 不需要再按右键确定,否则又重复 Z。

5. 实例

例 6-1 绘制圆弧外壳(材料:ABS),如图 6-4 所示。

提示:主视图中的大圆弧,是与 $R10$ 的圆弧和偏移 50 的水平线相切形成的过渡圆弧,由于是对称图形,只要与一侧相切,另一侧也相切。

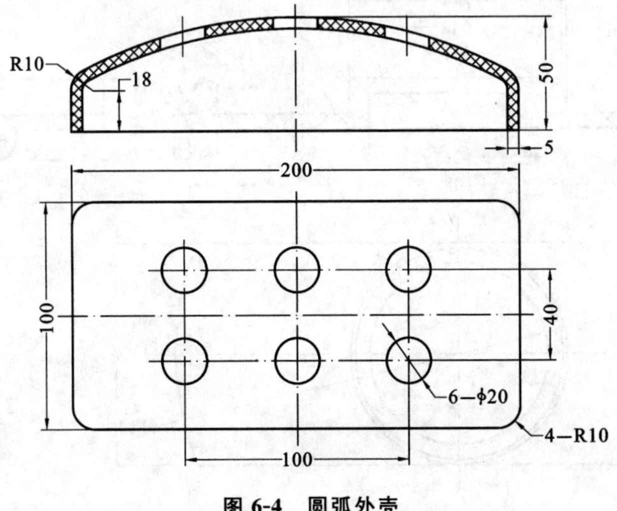

图 6-4 圆弧外壳

二、视窗范围 Zoom—Extents:Z—E 命令

这个命令可将所有图形全部显示在屏幕上,并最大限度地充满整个屏幕。Z—E 是经常使用的一个组合命令。

1. 启动方法

快捷键 Z—E、菜单 View→Zoom ▶→Extents、【标准】工具栏图标 (指向▲并按住),如图 6-4 所示。

2. 操作步骤

Z→空格键→E→空格键。

3. 技巧

(1) 在绘图时,经常会碰到图形不知道到哪里去了。只要快速敲入 Z—E 即可找到。

(2) 输入 Z—E 后,如果图形还很小(在一个角落),则说明对角还有图线。

(3) 处理办法:

① 删除没用的图线,再使用一次 Z—E 命令;

② 检查是否有关闭的图层。

(4) Z—E 是视窗操作中最实用的命令。

4. 实例

例 6-2 绘制尼龙外壳(材料:尼龙 1010),如图 6-5、图6-6所示。

图 6-5 尼龙外壳立体图

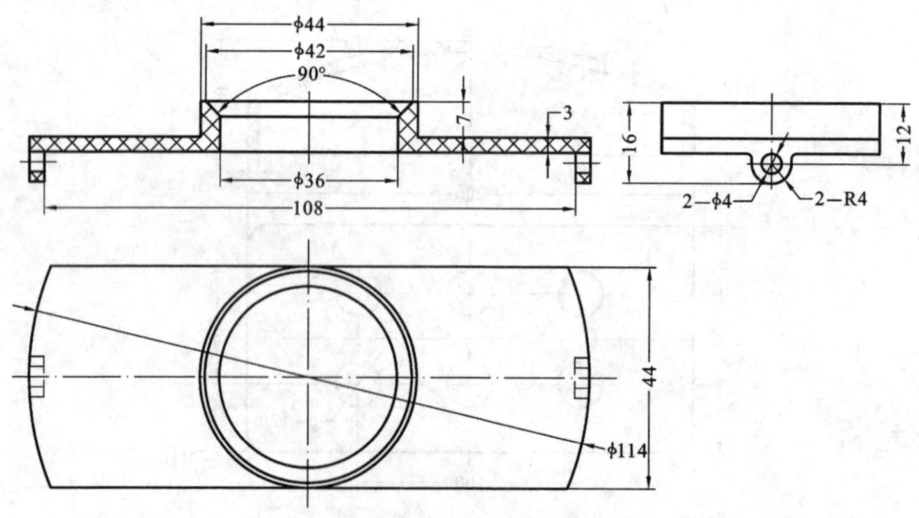

图 6-6 尼龙外壳

三、视窗平移 Pan—P:将图形进行平移操作

1. 启动方法

快捷键 P、按住鼠标中键拖动鼠标、图标 、菜单 View→Pan ▶,如图 6-7 所示。

2. 命令行

P PAN

按 Esc 或 Enter 键退出,或单击右键显示快捷菜单,如图 6-8 所示。

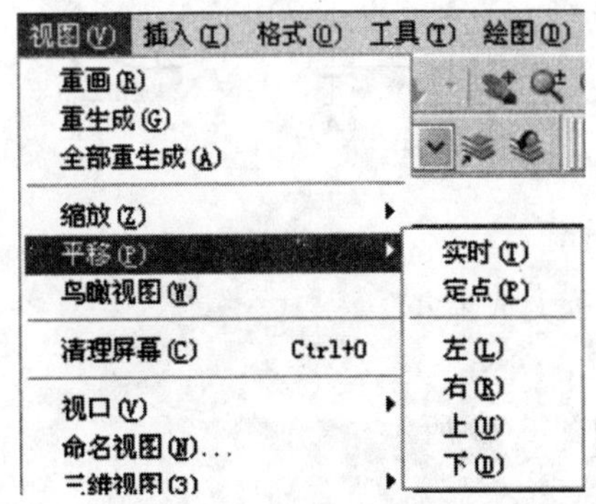

图 6-7 【平移】下拉菜单

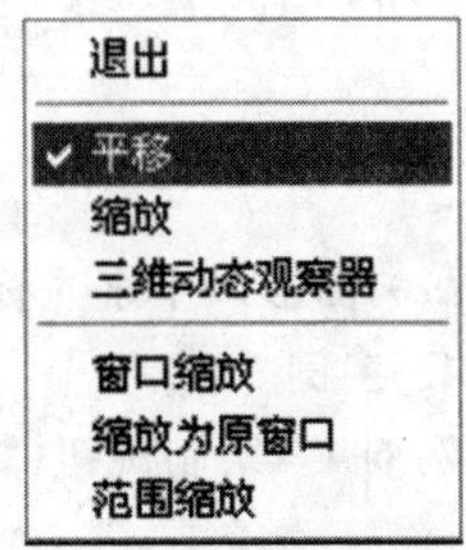

图 6-8 【平移】菜单命令

3. 操作步骤

(1) P→空格键→按住鼠标左键拖动→松开左键停止拖动→按 Esc。

(2) 按下中键→拖动图形→松开中键。

4. 技巧

直接按鼠标中键在视窗拖动图形是最简便实用的方法。

5. 实例

例 6-3　绘制 BJ130A 制动总泵主活塞(材料:ZL101 GB/T 1173—1993),如图 6-9 所示。

四、实时缩放 Realtime:视图在视窗中任意放大或缩小。

1. 启动方法

滚动鼠标中键、单击图标 、菜单 View→Zoom ▶→Realtime。

2. 操作步骤

(1) 推→鼠标拖动——放大;拉→鼠标拖动——缩小。

(2) Z→空格键→空格键→按住左键推或拉→Esc。

推——放大;拉——缩小。

3. 技巧

(1) 实际操作中,使用鼠标小滚轮向前推或向后拉,是十分简便有效的方法。

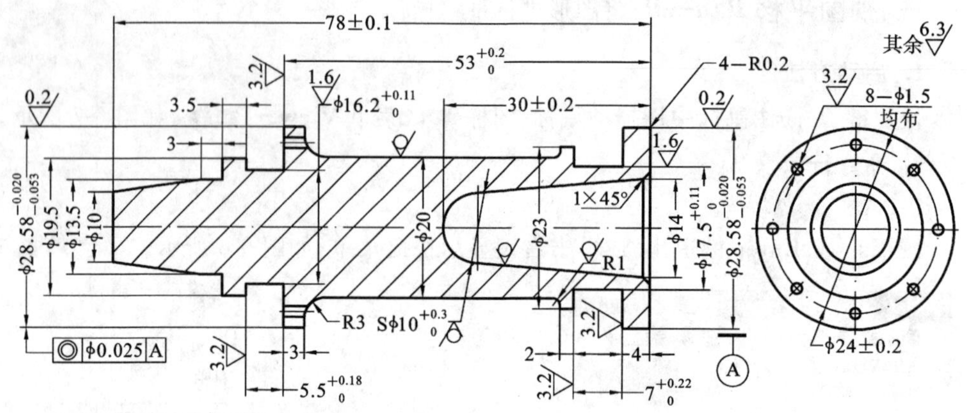

图 6-9　总泵主活塞

(2) 图形以十字光标所在位置为中心,进行放大或缩小。

4. 实例

例 6-4　绘制旋钮(材料:乳状液苯乙烯),如图 6-10 所示。

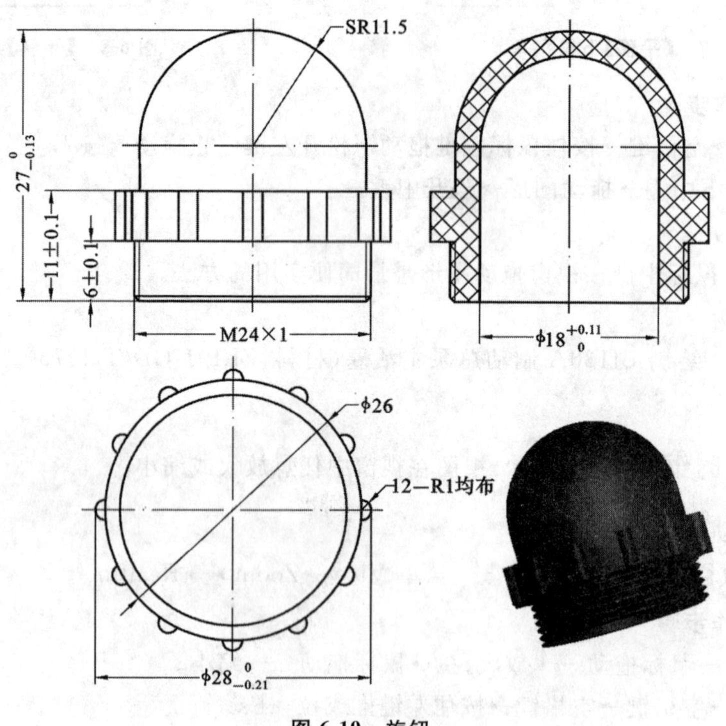

图 6-10　旋钮

五、其他视窗缩放命令

1. Z—A(Zoom—All):全部

此命令可依图形界限(Limits)或图形范围(Extents),在绘图区域内显示图形。

2. Z—C(Zoom—Center):中心

此命令可根据所确定的中心调整视图大小。

操作步骤:Z→C→指定中心点→输入比例或高度;

比例:如10X——图形以中心放大10倍;

高度:如100——视图高度为100(显示在整个视窗中的图形高度为100)。

3. Z—D(Zoom—Dynamic):动态

此命令可先临时将图形全部显示出来,屏幕上出现三个视图框:白色实线框表示选择视图框;蓝色虚线框表示图形界限或范围视图框;绿色虚线框表示当前视图框。

操作步骤:Z→D→左击→左击(确定实线框的大小)→用实线框去框选图形。

技巧:显示图形界限图框。

4. Z—P(Zoom—Previous):上一个

此命令可返回上一视图。

5. Z—S(Zoom—Scale):比例

此命令可按比例放大或缩小视图,且视图的中心保持不变。

操作步骤:Z→S→输入比例因子(nX或nXP)。

10X——当前视图放大10倍。

10——相对图形界限放大10倍。

6. Z—W(Window):窗口

此命令可直接用窗口方式选择下一视图区域。

技巧:Z的缺省方式。

小结　视窗操作方式很多,但通常用到的只有以下几种。

(1) Z—E:图形全部显示在界面上。

(2) 按住中键:移动图形。

(3) 拉/推中键:缩/放图形。

第二节　鸟瞰视图

为了便于平移和缩放视图,同时又可掌握当前视图在整个图形中的位置,可使用鸟瞰视图,就像在空中俯视一样,可以快速找出并放大图形中的某个部分,常用于大型图样的绘制中。

1. 启动方法

快捷键 AV、菜单 View→Aerial view。

2. 命令行

AV DSVIEWER　在窗口的右下方弹出一个“鸟瞰视图”窗口

3. 操作步骤

AV→左击（小窗口）→左击（确定窗选中心）→左击（确定范围）→右击→左击（主窗口）→■（关闭）。

4. 技巧

(1) 鸟瞰视图占用屏幕上主视图的一部分，会影响主视图。

(2) 一般适用于较大的图形。

5. 实例

例 6-5　绘制塑料盖板（材料：ABS），如图 6-11 所示。

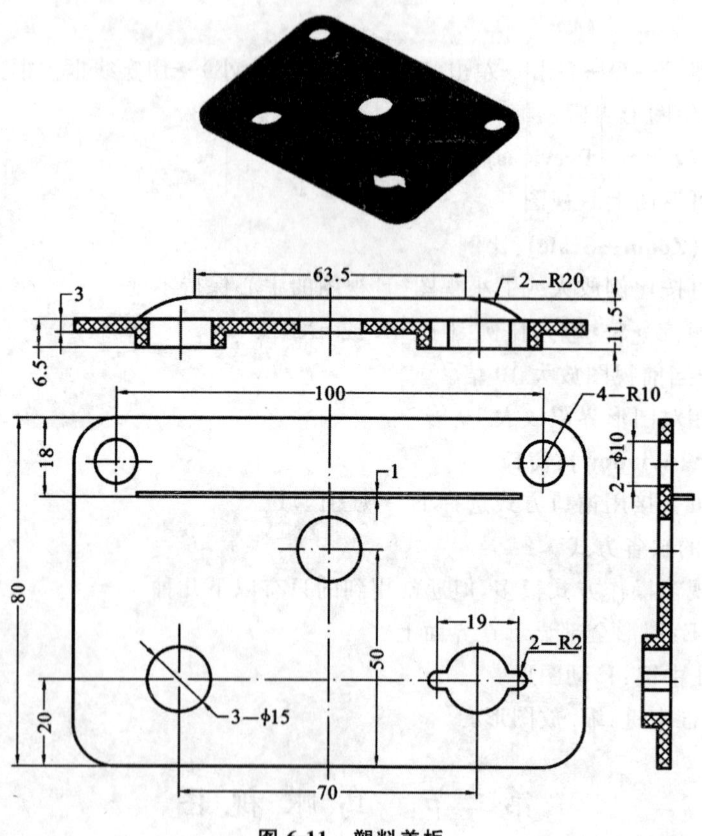

图 6-11　塑料盖板

第三节　刷新屏幕显示

刷新屏幕显示将删除用于标识指定点的点标或临时标记，包括重生成、重画等命令。

一、重生成（再生）Regenerate：RE 命令

此命令可重新绘制（自动）当前视窗中的图形，刷新视图，可使圆和圆弧的显示更平滑。

在绘图过程中，有时会出现不平滑的显示，如图 6-12 所示，直线与圆相切，显示直线与圆分离，圆的显示为多边形。利用 RE 命令可恢复平滑显示，如图 6-13 所示。

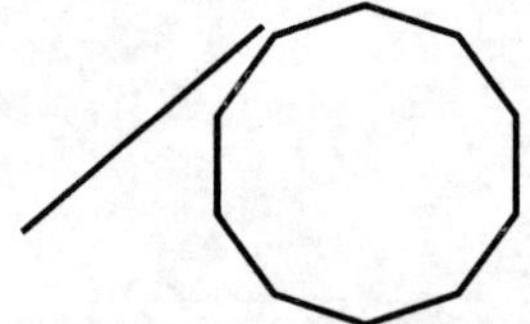

图 6-12　重生成前的图形

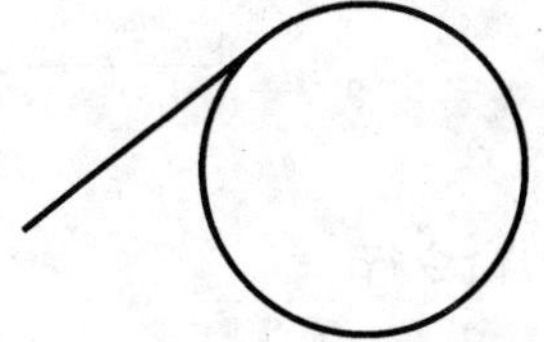

图 6-13　重生成后的图形

1. 启动方法

快捷键 RE、菜单 View→Regenerate。

2. 命令行

RE REGEN　正在重生成模型

3. 操作步骤

RE→空格键

4. 技巧

(1) 主要用于圆弧不光滑，看起来像是多边形或直线与圆弧相切的地方显示为分离等情形。

(2) 设置光滑度：工具→选项→显示→显示精度：100→20000。变量 Viewres 可以设置。

(3) 该命令是 Pro/E 的一个十分重要命令。

(4) 设置自动再生模式：Regenauto。

5. 实例

例 6-6　绘制 NJ385 汽车冷却水泵节温器盖（材料：HT200，未注倒角为 *R*3），如图6-14所示。

二、重画 Redraw：重新绘制当前视窗中的图形，除掉那些杂乱的显示内容

1. 启动方法

菜单 View→Redraw。

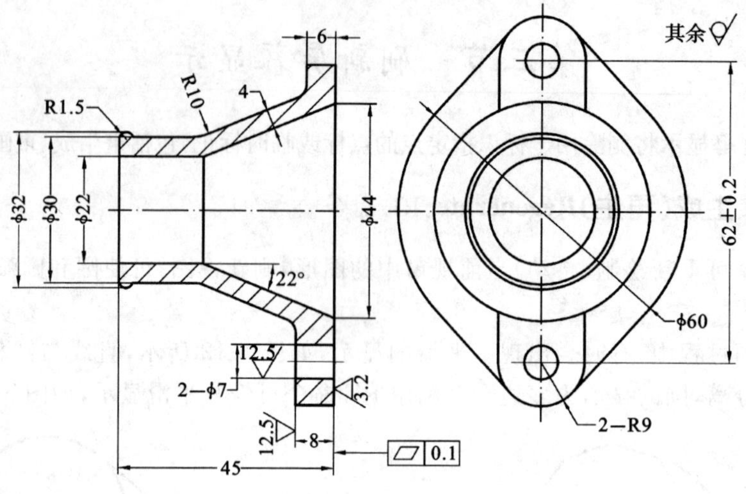

图 6-14　NJ385 节温器盖

2. 命令行

'_redrawall

3. 技巧

(1) 设置点标记模式:Blip mode 输入模式。

(2) 该命令一般不用,只用 RE 即可。

4. 实例

例 6-7　绘制 J285 汽车冷却水泵盖板(材料:HT200),如图 6-15 所示。

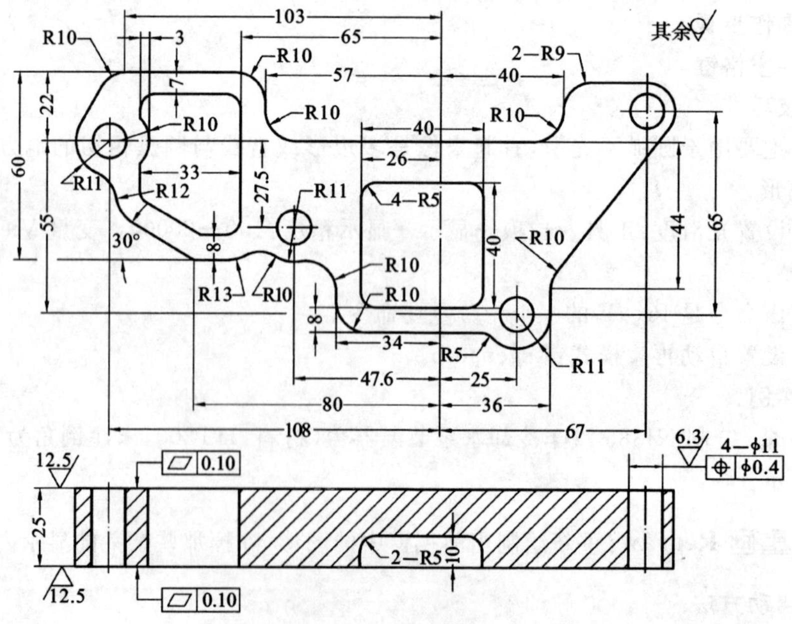

图 6-15　水泵盖板

第四节　窗口操作

一、窗口操作 Window

1. 启动方法

启动方法如图 6-16 所示。

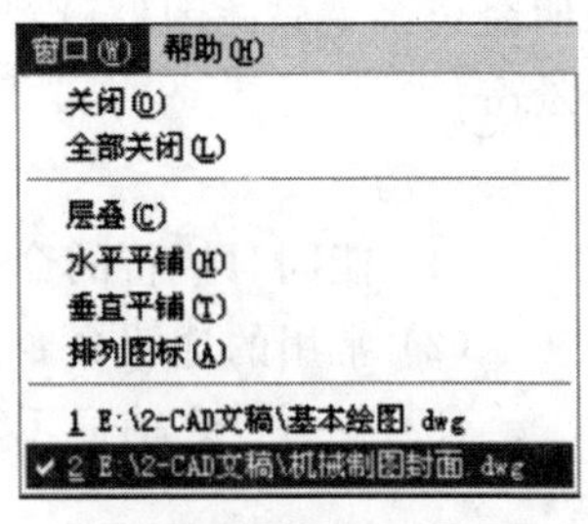

图 6-16　【窗口】下拉菜单

2. 操作步骤

(1) 关闭/全部关闭：弹出【保存】对话框，如图 6-17 所示。

(2) 视图在窗口中的摆放方式：层叠、水平平铺、垂直平铺。

3. 技巧

(1) 点选图形名称，可以切换窗口。

(2) 路径设置：工具→选项→打开和保存，如图 6-18 所示。

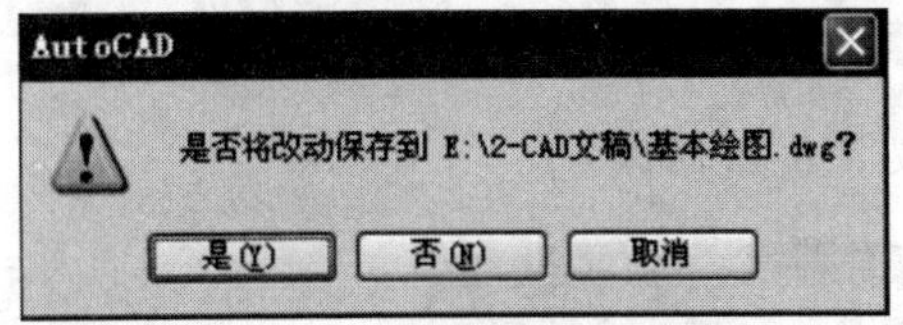

图 6-17　【保存】对话框

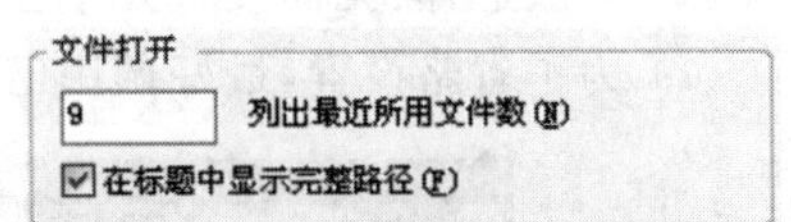

图 6-18　【文件打开】设置

4. 实例

例 6-8　绘制水管接头(材料:35 钢,镀锌),如图 6-19 所示。

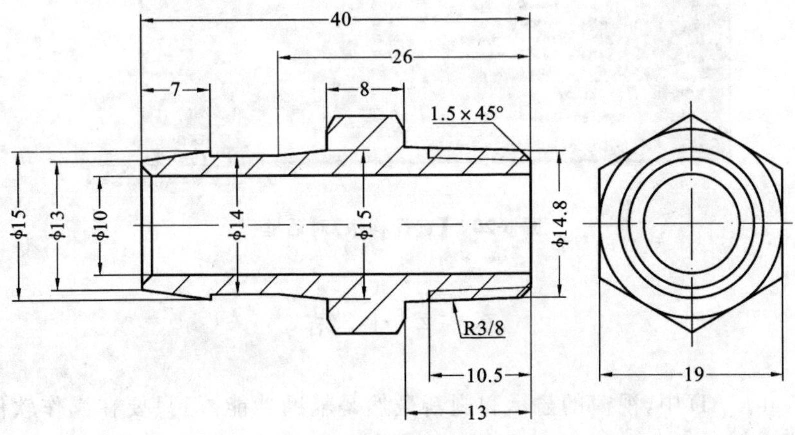

图 6-19　水管接头

提示:圆锥螺纹 R3/8,锥度为 1∶16。

二、透明命令

在执行其他命令的过程中,可在命令行输入并能执行的命令,称为透明命令。透明命令多为修改图形设置的命令,或是打开绘图辅助工具的命令,例如 Snap、Grid 或 Zoom 等。

技巧:

(1) 能同时执行的命令,即在操作其他命令的过程中能同时执行;

(2) 常用的透明命令:Zoom、Snap(捕捉)、F8(正交)等;

(3) 在命令之前显示单引号(’)。

三、新建图形文件

1. 启动方法

快捷键 New、工具图标 、菜单 File→New,弹出对话框,选择打开形式,如图 6-20 所示。

2. 技巧

(1) 一般选择:无样板打开—公制(M)。

(2) 为了省略设置,最好调用已有图形文件进行修改。

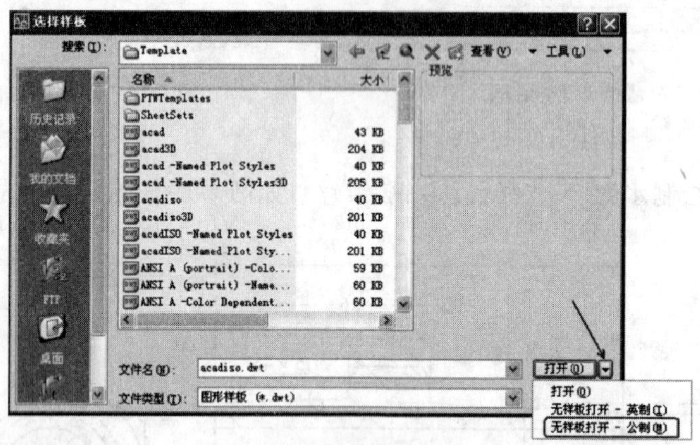

图 6-20 【选择样板】对话框

本 章 小 结

在 AutoCAD 中,视窗的显示和刷新虽然是辅助功能,但只要在操作软件,就经常会不停地使用,所以要熟练掌握,包括常用的命令和技巧。

一、视图缩放

在实际操作时，通常运用鼠标中键缩放，按住鼠标中键对图形进行平移操作，“Z—E”把绘图界面中的所有图形以最大化的形式显示在绘图界面上。

在绘图时，有时要把所有的图形显现出来，或者有时画的图形在界面上找不到，这时就要用到“Z—E”命令，这是一个非常实用有效的操作。

利用鼠标中键进行缩放或平移时，都是以鼠标十字光标当前所处的位置为中心点，所以在操作时，要把十字光标移到所要缩放的图形附近，这样操作方便快捷，否则，要缩放的图形极易跑出绘图界面，有时还找不到要缩放的图形。

二、鸟瞰视图

对于特别复杂的图形，有时需要用到该操作，但由于要占用界面，操作起来也不太方便，所以，在实际操作中使用较少。

三、刷新屏幕显示

当屏幕显示出现异常时，要立即使用 RE 命令进行图形再生，主要表现在：圆弧显示不光滑，相切的线分离（包括直线与圆弧相切，圆弧与圆相切）等。

绘图前，要把菜单“工具”下的选项中的“显示精度/圆弧和圆的平滑度”，设置为最大的 20000，可以最大限度地减少不光滑显示。

越是复杂的图形，RE 命令的使用率就越高。

四、窗口操作

关闭窗口时，如果点击保存，则前面的操作在文件再次打开后，不能再用 U 命令进行恢复，所以关闭窗口要慎重，避免不必要的损失。

透明命令主要用于正在执行某一命令当中，要输入另外的命令，常用的有命令 Z、F8 等。

新建图形文件一般用“无样板打开-公制（M）”，通常使用已画好的图另存为所要画的图，再进行更改，这样可以借用原有的格式，避免重复设置。在实际绘图中可大大提高效率，最好的方法是找到相似的图形文件，只要稍作修改就可完成。

课外练习六

1. 复习思考题

（1）刚刚画的图形不知跑到哪里找不到了，应如何操作才能找到？

（2）利用鼠标进行界面缩放时，界面中的图到处乱跑，是什么原因？

(3) 在绘图时，一些复杂的图形，在界面上既要能看到全部图形，又要能看到某些局部图，怎样操作才能实现这种功能？

(4) 在已经画好的图形中，如何检查线段和圆弧是否相切？

(5) 屏幕上出现许多“污点”，是怎么回事？应如何消除？

(6) 文件保存之后能用 U 命令返回吗？窗口关闭之后重新打开还能恢复吗？

(7) 为什么在执行 L、M 等命令的过程中，能输入 F8 而不会影响正在操作的命令？

(8) 若用相似的图形文件来修改成正准备画的图，有什么好处？

(9) 如何设置自动再生模式？

(10) 在实际绘图中，有时出现界面缩放和拖动不了的情况，应如何操作？

提示：利用“Z—E”命令，如果再不行，就复制一个图线到界面外，再最大化就行了。

2. 绘图题：用 CAD 绘制下列图形。

(1) 绘制输油阀座(材料：冷拉六角钢，表面镀锌)，如图 6-21 所示。

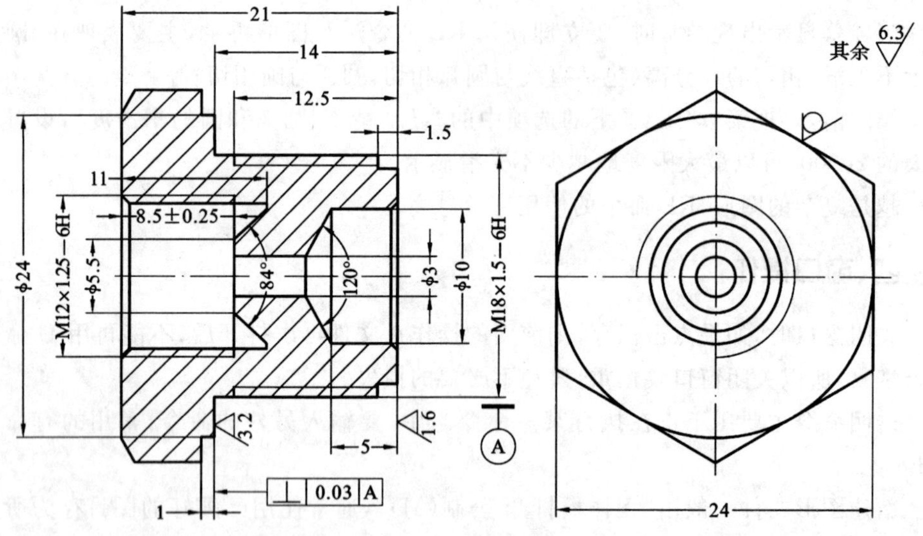

图 6-21 输油阀座

(2) 绘制盖板(材料：08F，表面镀锌)，如图 6-22 所示。

提示：盖板外轮廓渐开线圆弧的圆心，在一个外接圆直径为 $\phi7$ 的正六边形顶点上，如右下角局部放大图(见图 6-23)。

作图提示：

① 渐开线的圆弧依次相切，正六边形的外接圆直径为 $\phi7$，可知正六边形的边长为 3.5。

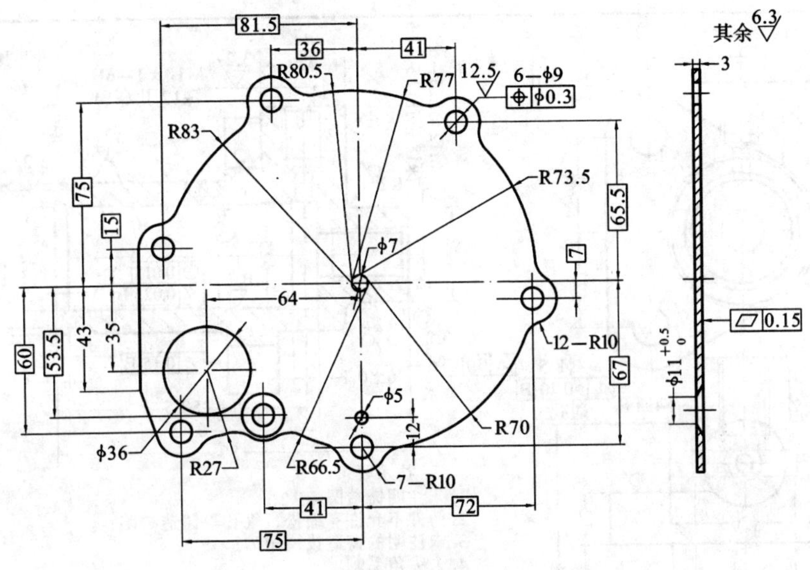

图 6-22　盖板

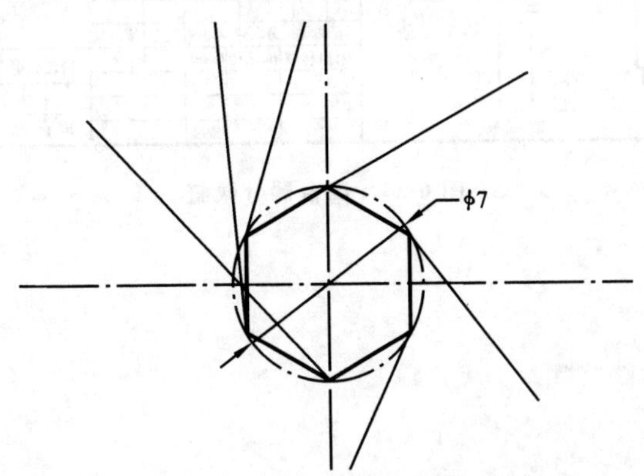

图 6-23　“渐开线圆弧的圆心”局部放大图

② 渐开线的最小圆弧为 $R66.5$，则相切圆弧半径依次是：$R70$、$R73.5$、$R77$、$R80.5$。

③ 根据圆弧相切的原理，切点在两圆心连线的延长线上，即在正六边形边线的延长线上。

④ 绘制 NJ136 离合器分泵缸（材料：HT200），如图 6-24 所示。

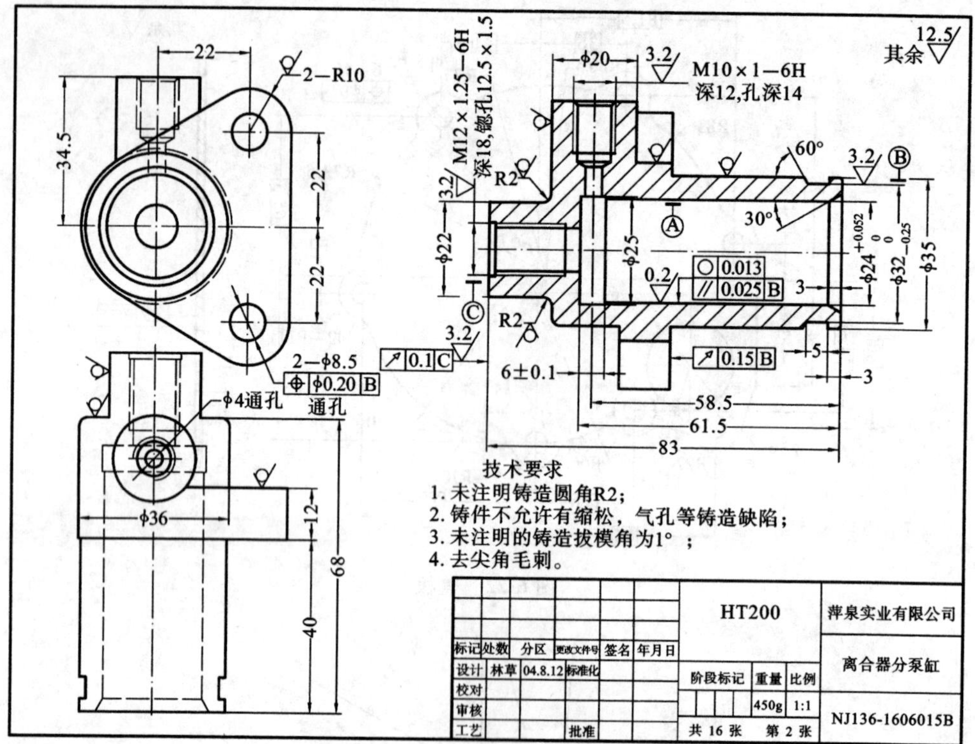

12.5
其余
22
2—R10
34.5
22
22
2—φ8.5
φ0.20 B
通孔
φ4通孔
φ36
12
68
40
M12×1.25—6H
深18,锪孔12.5×1.5
φ20
3.2
M10×1—6H
深12,孔深14
60°
3.2
B
R2
30°
A
φ22
φ25
φ24 +0.052 0
φ32 0 −0.25
φ35
0.013
0.025 B
0.2
3
C
R2
3.2
0.1 C
0.15 B
5
6±0.1
3
58.5
61.5
83
技术要求
1. 未注明铸造圆角R2;
2. 铸件不允许有缩松，气孔等铸造缺陷;
3. 未注明的铸造拔模角为1°；
4. 去尖角毛刺。
HT200
萍泉实业有限公司
标记 处数 分区 更改文件号 签名 年月日
设计 林草 04.8.12 标准化
校对
审核
工艺 批准
阶段标记 重量 比例
450g 1:1
共 16 张 第 2 张
离合器分泵缸
NJ136-1606015B

图 6-24　离合器分泵缸

第七章　三 维 绘 图

随着 AutoCAD 软件的不断升级，AutoCAD 的三维绘图功能逐步加强。过去主要用 AutoCAD 绘制平面图，绘制立体图时主要使用 Pro/E、UG、Solidworks 等。由于用 AutoCAD 作立体图的方法简单实用，而且有其独到之处，所以越来越被广大用户重视。在机械设计、建筑、服装领域的运用日益广泛，常用于制作建筑效果图等。本章主要学习用 AutoCAD 作三维视图的基本方法和技巧。

本章提示

(1) 掌握三维图的基本绘制方法。

(2) 学习绘制三维图的基本技巧。

(3) 绘制三维视图，提高空间想象能力。

第一节　三维视图的界面设置

AutoCAD 三维视图的界面与平面图的不同，为了不使界面显得零乱，把对象捕捉、绘图、修改、样式等四个工具条去除。增加画三维视图工具条：三维动态观察器、实体、实体编辑、视图、着色等工具条。常用界面如图 7-1 所示。

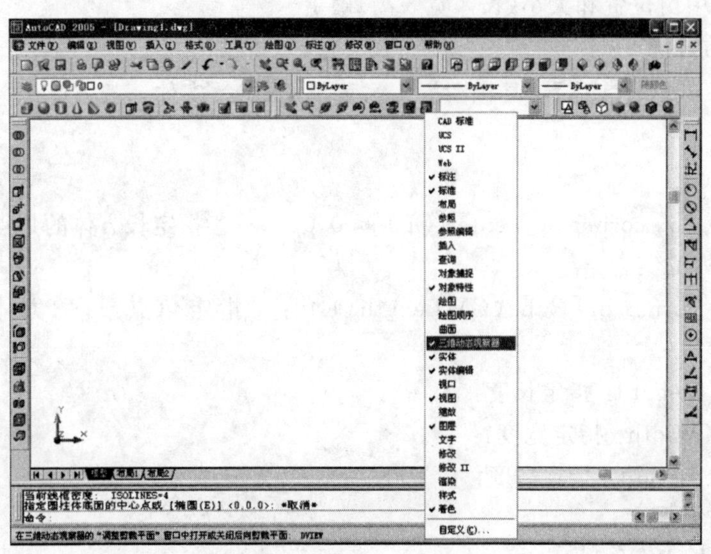

图 7-1　三维视图工作界面

第二节　创建三维基本实体

三维实体具有实体的特征，是实心的，可以进行挖孔、挖槽等布尔运算。本节讲述直接输入实体的控制尺寸创建基本实体的方法。包括：

长方体、圆柱体、球体、圆锥体、圆环体、楔体。

【实体】工具栏：如图 7-2 所示。

【实体】菜单：如图 7-3 所示。

图 7-2 【实体】工具栏

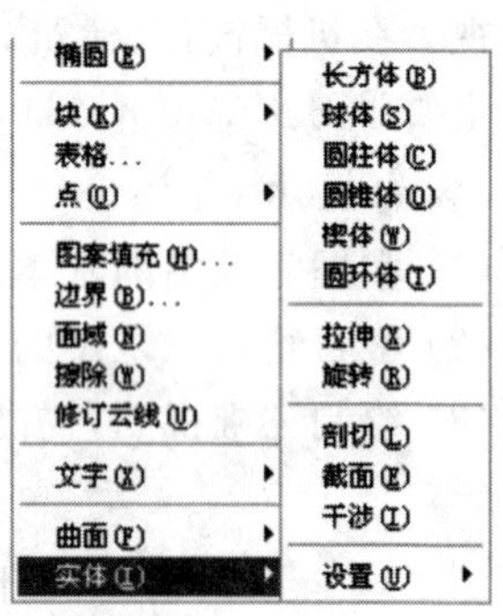

图 7-3 【实体】菜单命令

一、长方体 BOX：用于绘制长方体或正方体。

在三维中由位置和大小(长×宽×高)确定。

1. 启动方法

快捷键 BOX、【实体】工具栏图标 、菜单 Draw→实体→长方体。

2. 命令行

_box

Specify Box corner or[Center(CE)]<0,0,0>：　指定长方体的角点或[中心点(CE)]<0,0,0>：

Specify corner or[Cube(C)/Length(L)]：　指定角点或[立方体(C)/长度(L)]：

Specify Length：指定长度：

Specify Width：指定宽度：

Specify Height：指定高度：

3. 操作步骤

(1) 顶点：BOX→指定中心点坐标。

(2) 中心点：BOX→CE→指定中心点坐标。

(3) 立方体：输入命令 C→输入边长。

(4) 长方体:输入命令 L→长→宽→高。

4. 技巧

(1) 绘制三维视图要注意三维坐标系,Z 轴方向始终是实体“长”的方向,如图 7-4所示。

(2) 作长方体常用指定中心坐标和长宽高来绘制。

5. 实例

利用 BOX 作简单实体。

例 7-1　绘制四棱柱体三维视图。平面图如图 7-5 所示,立体图如图 7-6 所示。作图过程如图 7-7 所示。

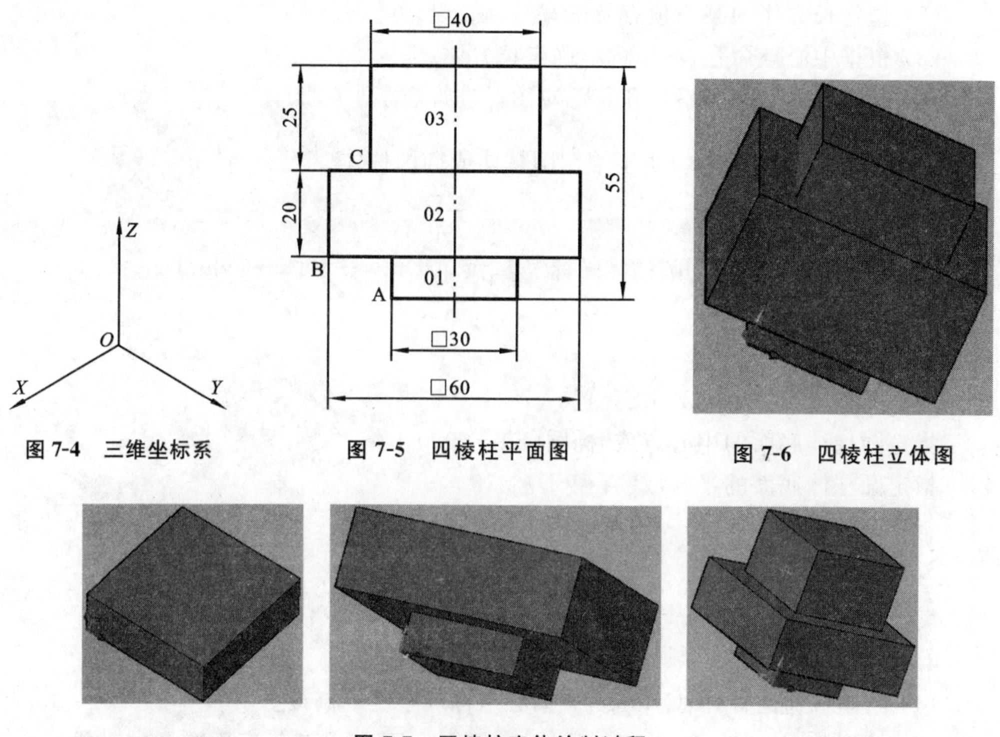

图 7-4　三维坐标系　　图 7-5　四棱柱平面图　　图 7-6　四棱柱立体图

图 7-7　四棱柱实体绘制过程

操作步骤:(以下步骤是根据 AutoCAD 2005 编制,其他版本与此会有出入,但原理相同。)

方法一:利用顶点作矩形。设 $A(0,0,0)$,则 $B(-15,-15,10)$、$C(-5,-5,30)$。

(1) BOX→右击→30,30,0→10。

(2) BOX→−15,−15,10→45,45,10→20。

(3) BOX→−5,−5,30→35,35,10→25。

方法二:利用顶点和边长作矩形。设 A(0,0,0)。

(1) BOX→右击→30,30,0→L→30→30→10。

(2) BOX→－15,－15,10→L→60→60→20。

(3) BOX→－5,－5,30→L→40→40→25。

方法三:利用中心点和边长作矩形。设 O1(0,0,0),则 O2(0,0,15),O3(0,0,37.5)。

(1) BOX→CE→右击→L→30→30→10。

(2) BOX→CE→0,0,15→L→60→60→20。

(3) BOX→CE→0,0,37.5→L→40→40→25。

小结

(1) 点的三维坐标(x,y,z),如(10,20,30)。

(2) 指定长方体的某一顶点及长宽高,确定长方体。

(3) 根据中心点命令及长宽高,确定长方体。

(4) 利用三维动态观察器和着色对图形进行观察。

二、圆柱体 Cylinder:用于绘制圆柱体或椭圆柱体

1. 启动方法

命令 Cylinder、[实体]圆柱体图标、菜单 Draw→实体→Cylinder。

2. 命令行

_cylinder

当前线框密度: ISOLINES＝4

指定圆柱体底面的中心点或[椭圆(E)]＜0,0,0＞:

指定圆柱体底面的半径或[直径(D)]:20

指定圆柱体高度或[另一个圆心(C)]:50

3. 操作步骤

→输入底面的中心→半径→高度。

4. 技巧

(1) 绘制普通圆柱体:Cylinder→圆心坐标→半径→高度。

(2) 绘制椭圆柱体:Cylinder→E→C→椭圆底面中心点→底面椭圆的轴端点→另一个轴的长度→高度。

(3) 圆柱体的高度:总是往 Z 轴方向"长"(正值——正方向、负值——负方向)。

(4) 改变 Z 轴指向:10 个视图之间变换。X 轴总是指向右,Y 轴指向上,Z 轴指向屏幕外,如图 7-8 所示。

图 7-8 【视图】工具栏

(5) 设置网格密度：Isolines。

5. 实例

例 7-2　绘制三维视图，如图 7-9 所示圆柱体。

操作步骤：利用底面的中心点和半径作圆柱体。

设 $O_1(0,0,0)$，则 $O_2(0,0,15)$、$O_3(0,0,35)$。

→右击→15→15→右击→0,0,15→30→20→右击→0,0,35→20→25。

6. 训练

把 O_2、O_3、O_4 的坐标分别设置为(0,0,0)，求作三维视图(见图 7-10)。

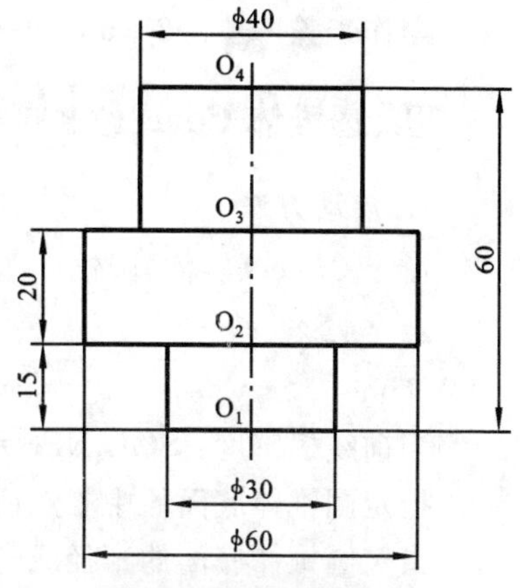

图 7-9　圆柱体平面图

图 7-10　圆柱体实体绘制过程

三、球体 Sphere：用来创建实心球体

1. 启动方法

命令 Sphere、【实体】球体图标、菜单 Draw→实体→Sphere。

2. 命令行

_sphere

当前线框密度：ISOLINES＝4

指定球体球心<0,0,0>：

指定球体半径或[直径(D)]：20

图 7-11　球

3. 操作步骤

→指定球体球心→半径。

4. 技巧

线框的密度由系统变量 ISOLINES 控制，其值越大，线框越密。

5. 实例

例 7-3　绘制一球体，已知中心点(20,50,30)，$R=100$，如图 7-11 所示。

操作步骤：→20,50,30→100。

四、圆锥体 Cone：绘制圆锥体或椭圆锥体

1. 启动方法

命令 Cone、【实体】圆锥体图标、菜单 Draw→实体→Cone。

2. 命令行

_cone
当前线框密度：ISOLINES＝4
指定圆锥体底面的中心点或[椭圆(E)]<0,0,0>：10,30,60
指定圆锥体底面的半径或[直径(D)]：20
指定圆锥体高度或[顶点(A)]：50

3. 操作步骤

→中心点→半径→高度。

4. 技巧

指定圆锥底面的中心点或椭圆 E→指定圆锥体高度或顶点 A。

5. 实例

例 7-4　绘制一圆锥体，已知中心点(10,30,60)，$R=20$，$H=50$，如图 7-12 所示。

操作步骤：→10,30,60→20→50。

图 7-12　圆锥体

五、圆环体 Torus：创建圆环实体

1. 启动方法

命令 Torus、【实体】圆锥体图标、菜单 Draw→实体→Torus。

2. 命令行

_torus
当前线框密度：ISOLINES＝4
指定圆环体中心<0,0,0>：20,30,50
指定圆环体半径或[直径(D)]：100
指定圆管半径或[直径(D)]：10

3. 操作步骤

→中心点→圆环体半径→圆管半径。

4. 技巧

指定圆环中心点→圆环体半径→圆管半径。

5. 实例

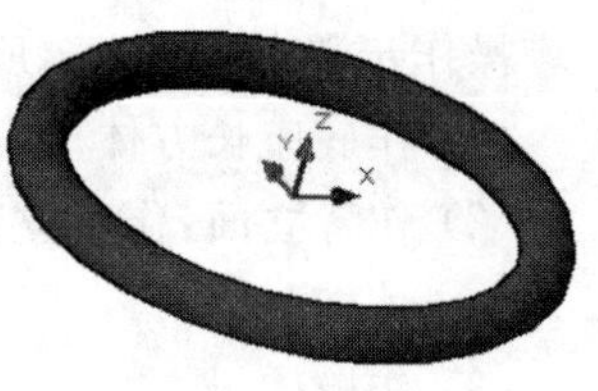

图 7-13　圆环体

例 7-5　绘制一圆环体，已知中心点(20,30,50)，R =100，r=10，如图 7-13 所示。

操作步骤：→20,30,50→100→10。

六、楔体 Wedge：创建楔体实体

1. 启动方法

命令 Wedge、【实体】圆锥体图标、菜单 Draw→实体→Wedge。

2. 命令行

_wedge

指定楔体的第一个角点或[中心点(CE)]　<0,0,0>:10,20,30

指定角点或[立方体(C)/长度(L)]:30,50,60

3. 操作步骤

→第一个角点→角点。

4. 技巧

(1) 两对角点是楔体相对的两个点，两点的三个坐标值完全不能相同。

(2) 中心点是反映楔体斜面上的中心点。

5. 实例

例 7-6　绘制一楔体，已知两对角点(10,20,30)、(30,50,60)，如图 7-14 所示。

操作步骤：→10,20,30→30,50,60。

例 7-7　限位块根据三视图，如图 7-15 所示，绘制三维视图，如图 7-16 所示。

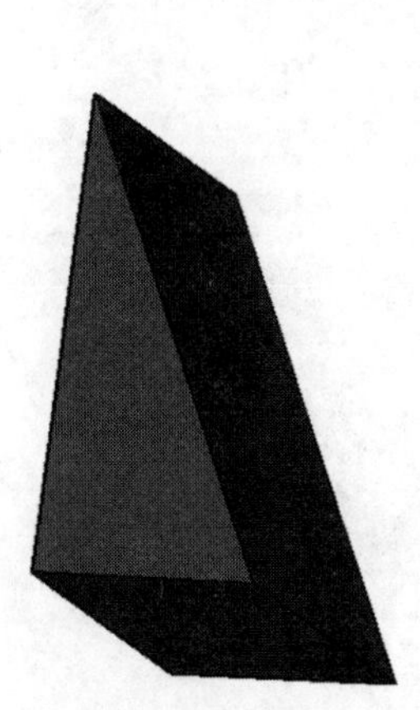

图 7-14　楔体

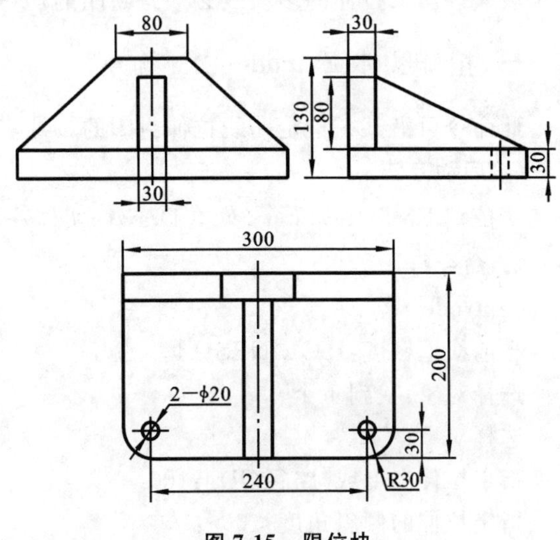

图 7-15　限位块

操作步骤：如图 7-17 所示。

(1) 作底座长方体。

(2) 作背立面：作背立面平面图(四边形)→面域→拉伸(实体总是沿 Z 方向伸长)；

(3) 作楔体。

(4) 倒角。

(5) 作孔：圆柱作差集运算。

图 7-16　限位块立体图　　**图 7-17　限位块实体绘制过程**

第三节　拉 伸 实 体

沿着某一指定路线(Z 轴方向)拉伸封闭的二维实体，可建立较复杂而不规则的实体图形。可以拉伸成为三维实体的二维图形包括圆和椭圆、多边形、3D 多段线、闭合多段线。用来拉伸的多段线必须是封闭的，要先转化成面域，而后再拉伸。

一、拉伸实体 Extrude：EXT 命令

此命令可沿某一指定路线拉伸封闭的二维实体，建立复合实体。

1. 启动方法

快捷键 EXT、图标 、菜单 Draw→实体→Extrude。

2. 命令行

_extrude

当前线框密度：ISOLINES＝4

选择对象：找到 1 个

选择对象：

指定拉伸高度或[路径(P)]：100

指定拉伸的倾斜角度<0>：

3. 操作步骤

EXT→选择面域→高度→倾斜角度。

4. 技巧

(1) 可拉伸的二维图形包括：闭合多线段、多边形、圆、椭圆等。

(2) 二维图形必须是封闭的整体图形，即可转化为面域，否则无法拉伸为三维实体。

(3) 拉伸前可进行布尔运算：并集、差集、交集。

(4) 拉伸沿 Z 轴方向。

(5) 确定绘图平面时，如果点击任意点且不输入 Z 值，则系统默认 $Z=0$。

5. 实例

例 7-8　绘制正六棱柱，已知顶面中心点(0,0,0)，外切圆 $R=60$，$H=100$。

操作步骤：如图 7-18 所示。

(1) POL→6→0,0,0→C→60。

(2) EXT→点选六边形→100→右击。

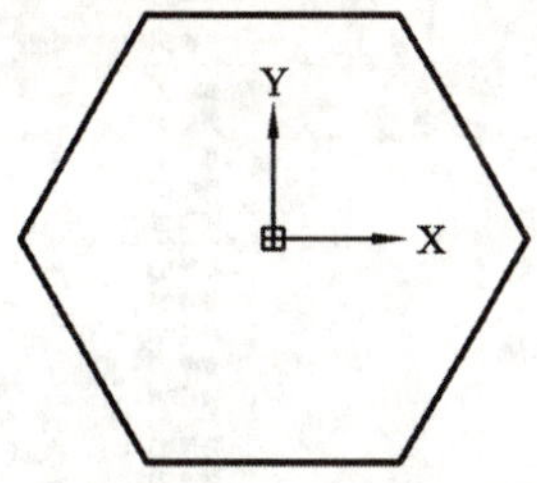

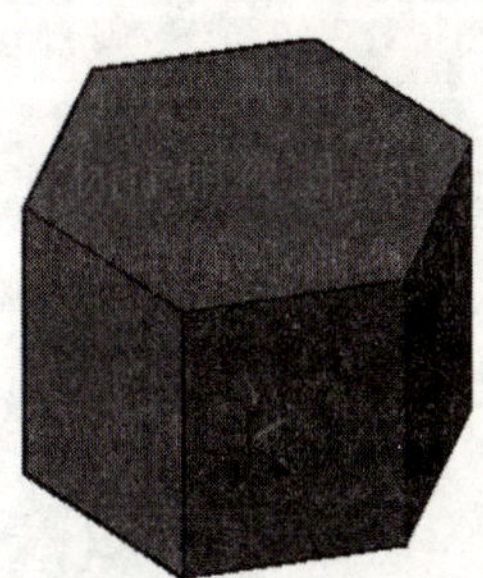

图 7-18　正六棱柱绘制过程

二、面域 Region：REG 命令

此命令可用于封闭区域的 2D 实体对象，可以用来计算面积、重心，进行着色、拉伸等。

1. 启动方法

快捷键 REG、图标、菜单 Draw→Region。

2. 命令行

reg REGION

选择对象：指定对角点：找到 6 个

选择对象：

已提取 1 个环。

已创建 1 个面域。

3. 操作步骤

REG→选择封闭曲线→右击。

4. 技巧

利用着色来显示面域。

三、布尔运算

对多个三维实体进行求并、求差和求交的运算，使之进行组合。

（一）求并运算：Union(UNI)

此命令可将几个实体进行合并，使之成为一个整体。

1. 启动方法

快捷键 UNI、图标  、菜单 Modify→实体编辑→并集。【实体编辑】工具栏如图 7-19 所示，菜单如图 7-20 所示。

图 7-19　【实体编辑】工具栏

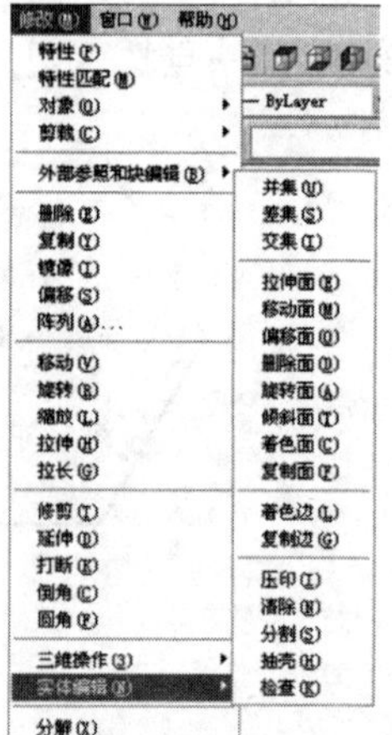

图 7-20　【实体编辑】下拉菜单

2. 命令行

_union

选择对象：指定对角点：找到 2 个

选择对象：

3. 操作步骤

UNI→选择实体→右击。

（二）求差运算：Subtract(SU)

此命令可对三维实体或二维面域进行求差运算，即从一个实体中减去另一个实体。

1. 启动方法

快捷键 SU、图标  、菜单 Modify→实体编辑→差集。

2. 命令行

_subtract 选择要减去的实体或面域

3. 操作步骤

SU→选择实体→右击→选择要减去的实体→右击。

（三）求交运算：Intersect(IN)

此命令可对几个实体进行求交运算，得到这些实体的公共部分。

1. 启动方法

快捷键 UNI、图标 、菜单 Modify→实体编辑→交集。

2. 命令行

_intersect

选择对象：指定对角点（找到 2 个）

选择对象：

3. 操作步骤

IN→选择实体→右击。

4. 技巧

(1) 框选或按住 Shift 点选（同时选两个以上的实体）。

(2) 布尔运算必须在面域和实体之间进行，圆和矩形必须先作面域才能进行布尔运算。

本节讲到三个作实体的重要内容：拉伸、面域、布尔运算。作三维实体时，可以先在二维模式下作出封闭的平面图，利用 REG 命令形成面域，再进行拉伸，然后再做布尔运算。

四、实例

例 7-9 绘制支承座三维实体，并着色，轴测图如图 7-21 所示。

操作步骤

(1) 作封闭多段线。从左下角开始：L→10→15→20→8→3→34→3→8→20→15→10→20→3→15→3→10→3→15→3→20。如图 7-22 所示（实际操作时不要标尺寸）。

(2) 利用 REG 作面域。

(3) 拉伸。EXT→40，如图 7-23 所示。

(4) M→0,0,0 把左下角移动到原点，Z 轴朝外。便于计算圆柱底面圆心，如图 7-24 所示。

(5) 挖大圆槽。作圆柱 Cylinder→40,30,－8→13→－24→设置圆柱的颜色，作差集运算，如图 7-25 所示。

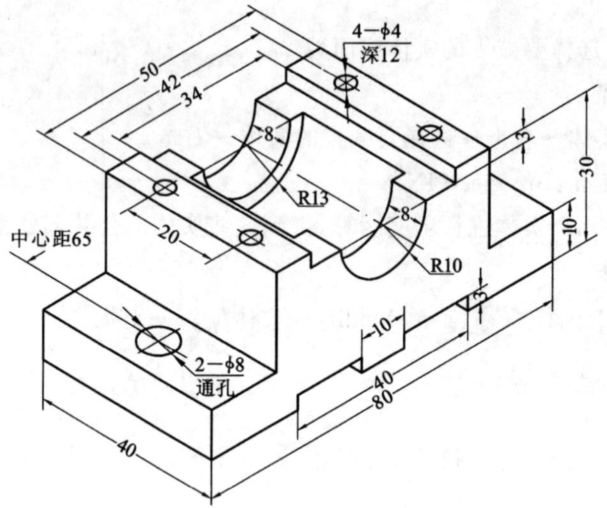

图 7-21 支承座轴测图

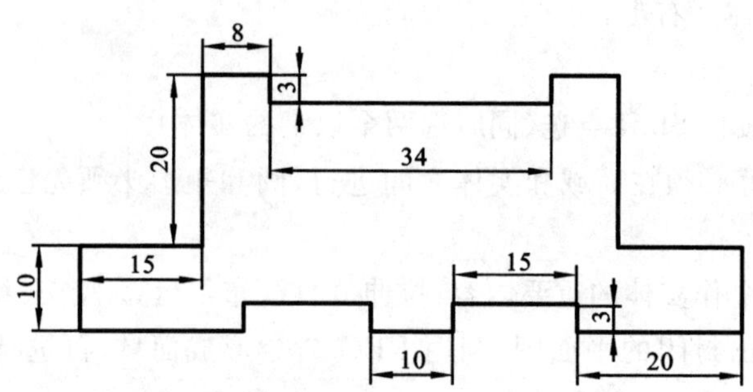

图 7-22 绘制封闭截面

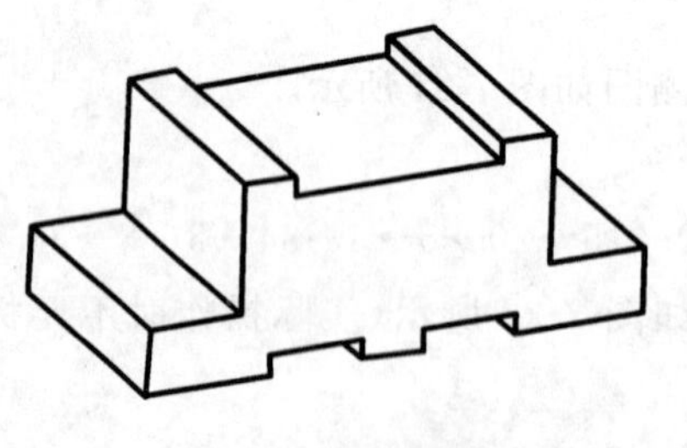

图 7-23 拉伸实体

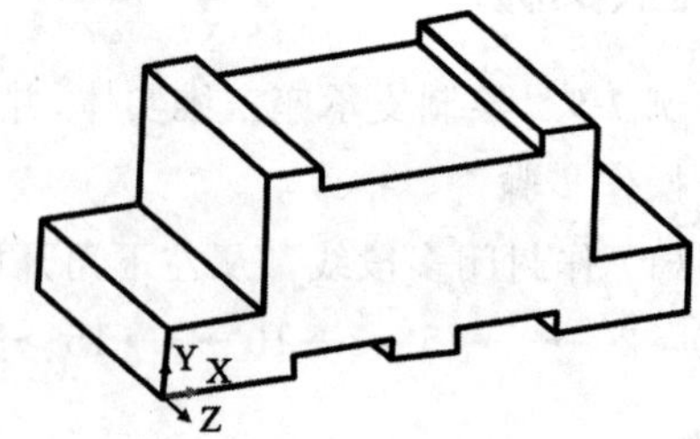

图 7-24 移动实体

(6) 挖小圆槽。作圆柱 Cylinder→40,30,0→10→－40→设置圆柱的颜色，作差集运算，如图 7-26 所示。

(7) 挖 2－ϕ8 通孔。利用【视图】工具栏→主视图，转变 Z 轴方向，使之沿圆孔的轴向。

Cylinder→7.5，－20，－10→4→10→72.5，－20，－10→4→10→设置圆柱的颜

图 7-25　挖大圆槽

图 7-26　挖小圆槽

色，作差集运算，如图 7-27 所示。

(8) 挖 4－ϕ4 深 12 孔。Cylinder→19，－10，－30→2→12→19，－30，－30→2→12→61，－10，－30→2→12→61，－30，－30→2→12 设置圆柱的颜色，作差集运算，如图 7-28 所示。

(9) 着色，存盘，完成绘图。

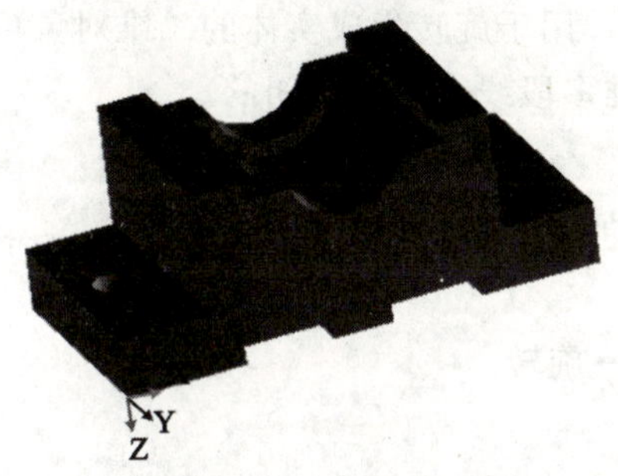

图 7-27　挖底面通孔

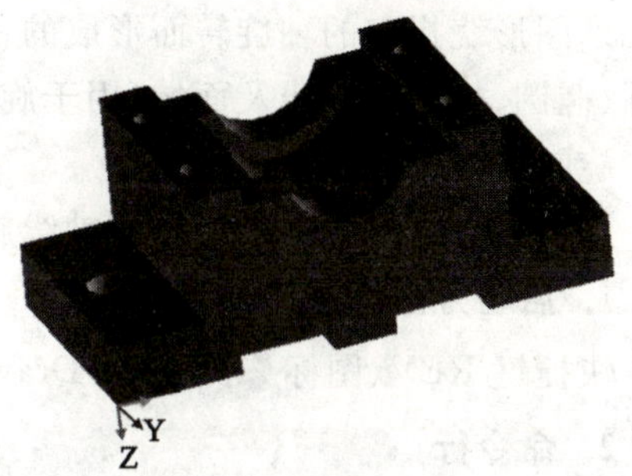

图 7-28　挖顶端小孔

提示：掌握了一些基本作图方法之后，利用 AutoCAD 作三维实体也是比较简单的，其关键是要掌握输入空间点(x,y,z)、利用 REG 作面域、拉伸沿 Z 轴方向、布尔运算等。还要利用坐标系作图，随时了解坐标轴的方向，而在二维中是不需要了解方向的(在平面图中，水平方向为 X 方向，竖直方向为 Y 方向)，所以在画平面图时，常把坐标系隐藏。

常在二维平面图中使用的命令在三维图中普遍可通用，如：直线 L、圆 C、倒角 F 等。但拉伸、旋转、镜像等命令，由于涉及三维空间，有些命令则有区别，具体见表7-1所示。

表 7-1　部分平面图与立体图的命令比较

项　目	二维绘图命令	三维绘图命令
拉伸	EX	EXT
旋转	RO	REV①
镜像	MI	Mirror 3D
旋转	RO	Rotate 3D②

续表

项　　目	二维绘图命令	三维绘图命令
阵列	AR	3DArray
对齐		Align
用平面剖切实体		SL

注：① REV 是用旋转的方式作三维实体的命令；

② Rotate 3D 是用于旋转已画好的三维图形。

第四节　旋转实体

在 AutoCAD 中，使用一条曲线围绕某一个轴旋转一定角度，就可以产生一个光滑的旋转曲面。若旋转一周，则可生成一个封闭的回转面。旋转实体则是将一些封闭二维图形绕指定的轴旋转而形成的三维实体。用于旋转生成实体的二维对象可以是圆、椭圆、二维多段线及面域，用于旋转的二维多段线必须是封闭的。

旋转实体：Revolve(REV)

此命令可将二维图形绕指定轴线旋转而形成三维实体。

1. 启动方法

快捷键 REV、图标 、菜单 Draw→实体→旋转。

2. 命令行

_revolve

当前线框密度：ISOLINES＝4

选择对象：找到 1 个

选择对象：

指定旋转轴的起点或定义轴依照[对象(O)/X 轴(X)/Y 轴(Y)]：

指定轴端点：＜正交开＞

指定旋转角度＜360＞：

3. 操作步骤

REV→选择实体→指定旋转轴→指定旋转角度→右击。

4. 实例

用旋转法作实体。

例 7-10　绘制三维实体，并着色，如图 7-29 所示。平面图如图 7-30 所示。

操作步骤如下。

(1) 画封闭线段：从 O_1 点开始向左，如图 7-31 所示(实际操作不要标尺寸)。

L→正交→15→15→15→20→10→25→20→60。

(2) 作面域：REG→框选八个实体→右击。

(3) 旋转 REV→选取面域→点选轴线端点→右击。

(4) 着色。

(5) 旋转:三维动态观察器。

5. 技巧

(1) 作面域。

(2) 确定旋转轴线。

图 7-29 旋转实体

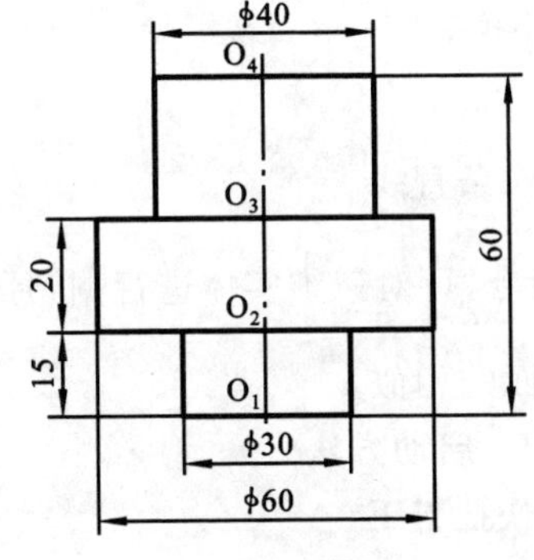

图 7-30 平面图

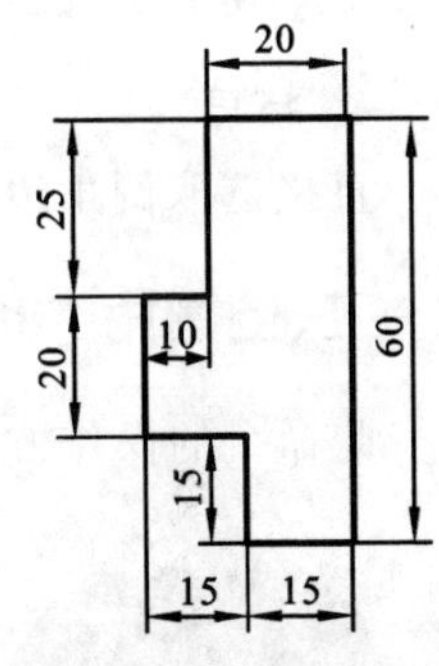

图 7-31 截面图

第五节 三维实体的编辑方法

在三维绘图中,通过对三维实体的编辑组合,可以形成一幅幅生动逼真的实体图像。在平面绘图中的图形编辑命令,大多数对于三维绘图也适用,操作步骤也基本相同。本节介绍倒直角、倒圆角、三维镜像、三维旋转、三维阵列、对齐和用平面剖切实体等七个命令。【三维操作】下拉菜单:编辑→三维操作,如图 7-32 所示。

一、倒直角 Chamfer:CHA 命令,可对三维实体进行倒直角

此命令的操作方法与平面倒直角的相似。

1. 启动方法

快捷键 CHA。

2. 操作步骤

CHA→D→选择一条直线→选择基面→指定另一表面倒角距离→选择边或环。

3. 实例

在三维实体上倒直角 5×45°。

例 7-11 利用图 7-29 倒直角,如图 7-33 所示。

操作步骤:

CHA→D→5→空格键→空格键→选取倒角边→右击→右击→右击→选取倒角边→右击。

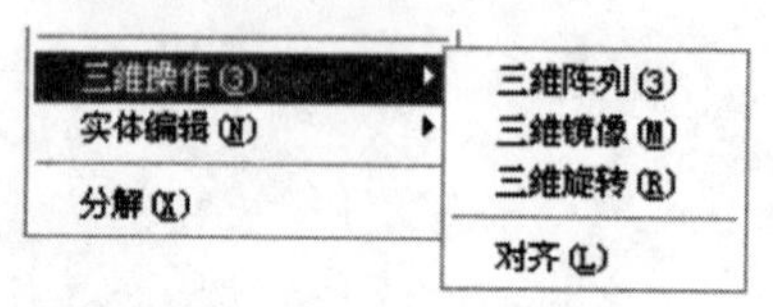

图 7-32 【三维操作】下拉菜单

图 7-33 倒直角

4. 技巧

直接选取倒角边作为第一条直线。

二、倒圆角 Fillet:F 命令,可对三维实体进行倒圆角

此命令的操作方法与平面的相似。

图 7-34 倒圆角

1. 启动方法

快捷键 F

2. 操作步骤

F→R→选择倒圆角边→右击→右击。

3. 实例

在三维实体上倒圆角 R5。

例 7-12 利用图 7-33 倒圆角(倒另一端),如图 7-34 所示。

操作步骤

F→R→5→选择倒圆角边→右击→右击。

三、三维镜像 Mirror 3D:可对三维实体进行镜像操作

1. 启动方法

Mirror 3D 命令、菜单 Modify→三维操作→三维镜像,如图 7-32 所示。

2. 命令行

_mirror 3d

选择对象:指定对角点:找到 1 个

选择对象:

指定镜像平面(三点)的第一个点或

[对象(O)/最近的(L)/Z 轴(Z)/视图(V)/XY 平面(XY)/YZ 平面(YZ)/ZX 平面(ZX)/三点(3)]<三点>:zx 指定 ZX 平面上的点<0,0,0>:

是否删除源对象?[是(Y)/否(N)]<否>:

3. 操作步骤

Mirror 3D→选取实体→确定镜像平面→右击。

4. 技巧

(1) 可以选取平面或输入共面的三个点来确定镜像平面。

(2) 共面三个点的坐标(x, y, z)的三个坐标值中有一个坐标值完全相同。

5. 实例

例 7-13 利用图 7-34 进行镜像,如图 7-35 所示。

操作步骤如下。

图 7-35 三维镜像

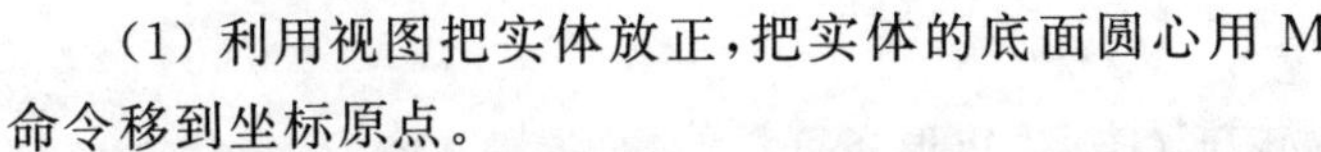

(1) 利用视图把实体放正,把实体的底面圆心用 M 命令移到坐标原点。

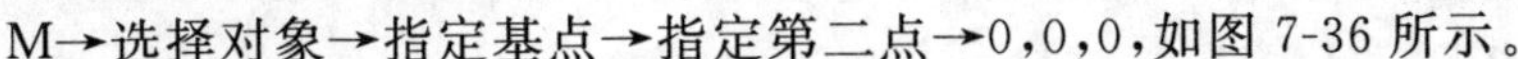

M→选择对象→指定基点→指定第二点→0,0,0,如图 7-36 所示。

(2) 作镜像平面:用命令 REC 在实体旁边作一个矩形,如图 7-37 所示。

(3) 改变视图方向,移动矩形到适当位置(正交移动,也可输入一个数值,移动到指定位置),如图 7-38 所示。

(4) 镜像,结果如图 7-35 所示。

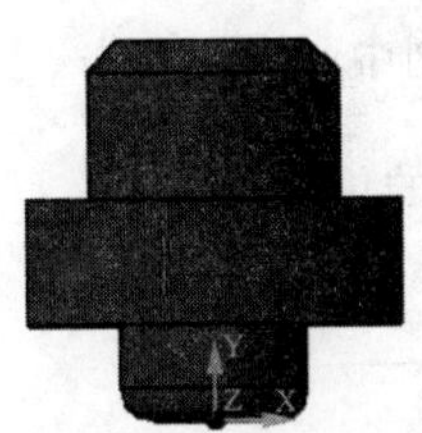

图 7-36 平移实体

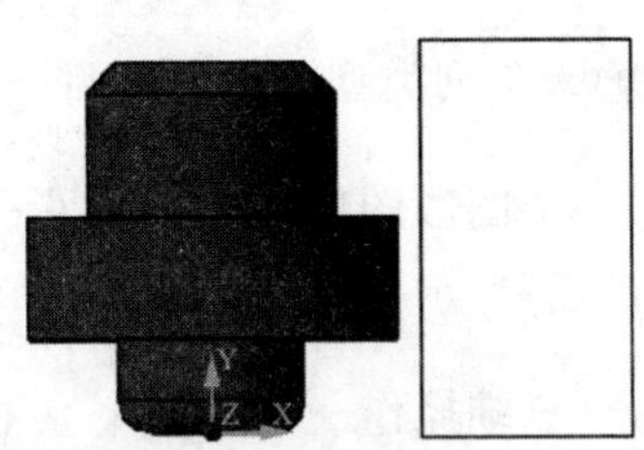

图 7-37 作镜像平面

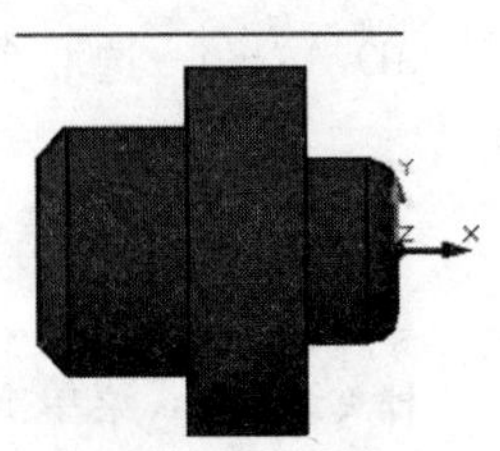

图 7-38 改变视图方向

四、三维旋转 Rotate 3D

1. 启动方法

命令 Rotate 3D、菜单 Modify→三维操作→三维旋转。

2. 命令行

_rotate 3d

当前正向角度:ANGDIR=逆时针 ANGBASE=0

选择对象:指定对角点:找到 1 个

选择对象:

指定轴上的第一个点或定义轴依据

[对象(O)/最近的(L)/视图(V)/X 轴(X)/Y 轴(Y)/Z 轴(Z)/两点(2)]:

指定轴上的第二点:

指定旋转角度或参照(R):90

3. 操作步骤

Rotate 3D→选取实体→确定旋转轴→确定旋转角度→右击。

五、三维阵列 3D Array:可将实体在三维空间中进行阵列

1. 启动方法

命令 3D Array、菜单 Modify→三维操作→三维阵列。

2. 命令行

_3d array

选择对象:指定对角点:找到 1 个

选择对象:

输入阵列类型[矩形(R)/环形(P)]<矩形>:P

输入阵列中的项目数目:5

指定要填充的角度(+=逆时针,-=顺时针)<360>:

旋转阵列对象?[是(Y)/否(N)]<Y>:

指定阵列的中心点:

3. 操作步骤

3D Array→选取实体→输入阵列类型→阵列数目→确定阵列中心点→右击。

六、对齐 Align:可根据一个图形的位置来确定另一个图形的位置

1. 启动方法

命令 Align、菜单 Modify→三维操作→对齐。

2. 操作步骤

选取三个点互相对齐。

3. 技巧

对齐是 Pro/E 中一个非常有用的命令。

七、用平面剖切实体 SL:使用方法相当于平面图中的 BR

1. 操作步骤

SL→选择对象→指定切面的一点→依照[对象 O/Z 轴 视图/XY 平面/YZ 平面/ZX 平面/三点]确定一个平面→在要保留的一侧指定点或保留两侧。

2. 技巧

先把三维图转入比较好的视图。

提示:在实际操作中,上述四个命令先把实体转为标准视图,一般在六个标准视图中选择,这相当于将实体转化为二维视图,从而把复杂的问题简单化。

3. 实例

例 7-14　根据法兰面板的平面图，绘制三维实体，如图 7-39 所示。

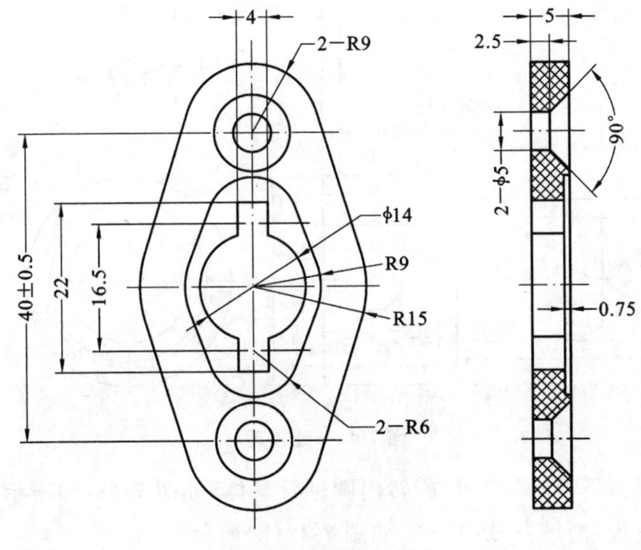

图 7-39　法兰面板

操作步骤：

(1) 在主视图下，作平面图，如图 7-40(a)所示。

(2) 拉伸：面域→EXT→5，如图 7-40(b)所示。

(3) 布尔运算，差集，把三个孔通过差集作出来，如图 7-40(c)所示。

(4) 挖出中间凹槽：拉伸→EXT→0.75→差集，如图 7-40(d)所示。

(5) 倒 90°角，完成三维实体。

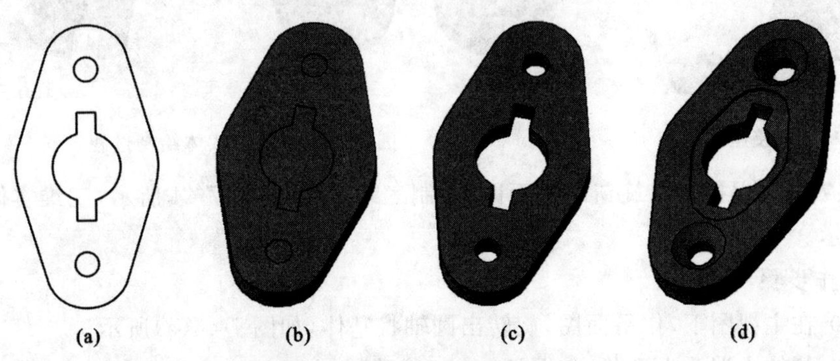

图 7-40　法兰面板实体绘制过程

例 7-15　根据连接座的平面图，绘制三维实体，如图 7-41 所示，三维实体如图 7-42所示。

操作步骤：

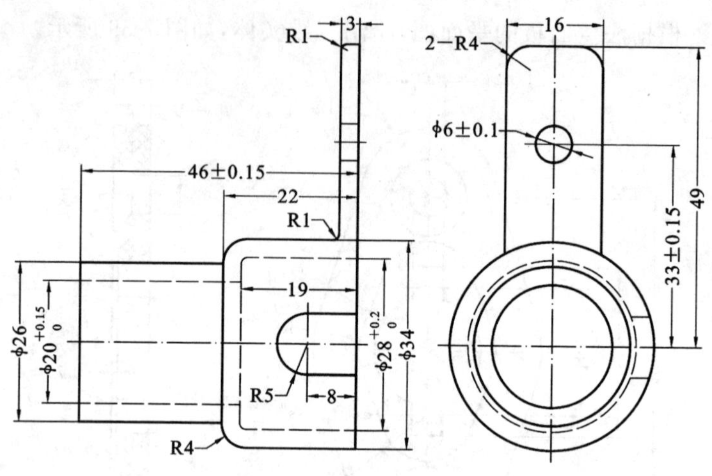

图 7-41 连接座

(1) 在主视图下,作平面图,旋转出圆轴状基体,如图 7-43(a)所示。

(2) 拉伸底板:面域→EXT→3,如图 7-43(b)所示。

(3) 布尔运算,并集(两部分合并)→差集(把孔通过差集作出来),如图 7-43(b)所示。

(4) 挖出中间凹槽:拉伸→EXT→3→差集,如图 7-43(c)所示。

(5) 连接处倒圆角 *R*1,完成三维实体。

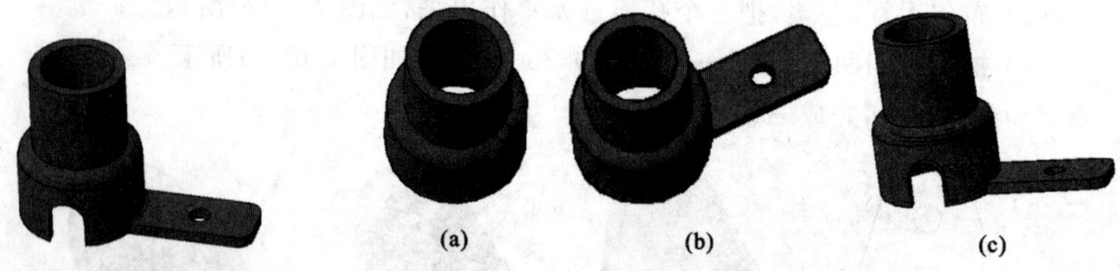

图 7-42 连接座立体图　　**图 7-43 连接座实体绘制过程**

例 7-16 根据塑料旋钮的平面图,绘制三维实体,如图 7-44 所示,三维实体如图 7-45所示。

操作步骤:

(1) 在主视图下,作平面图,旋转出圆轴状基体,如图 7-46(a)所示。

(2) 拉伸小端孔内形状,如图 7-46(b)所示。

(3) 切小端凹槽,阵列,如图 7-46(c)所示。

(4) 连接处倒圆角 *R*1,完成三维实体。

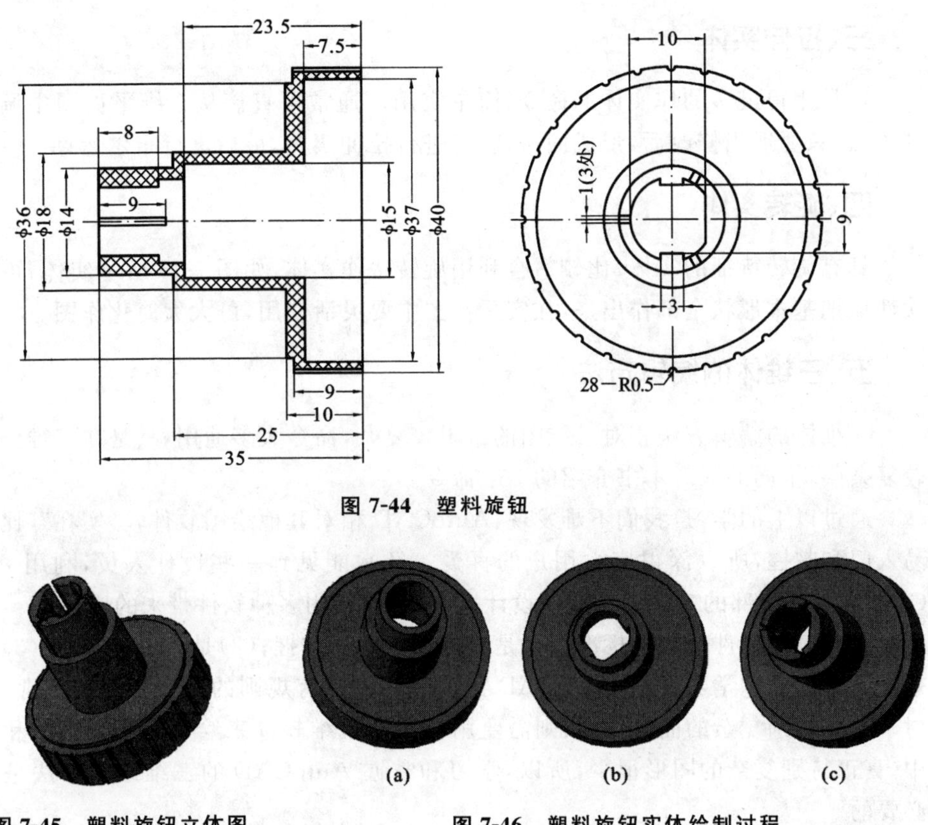

图 7-44　塑料旋钮

图 7-45　塑料旋钮立体图

图 7-46　塑料旋钮实体绘制过程

本 章 小 结

一、三维视图的界面设置

增加画三维实体图的常用工具栏:实体、实体编辑、视图、三维动态观察器、着色等。利用图层,把辅助线放置在其他图层,作完图后,应将辅助线隐藏起来。界面要简洁明了,方便使用。

二、创建三维基本实体

最常使用的基本实体是长方体(BOX)和圆柱体。使用坐标法时,要注意按照坐标系图标指定的方向,正确输入三维坐标,对于比较简单的图,通常是先在基本视图下绘图,再按照正交移动的方式画图,这样可避免三维坐标的输入。

三、拉伸实体

这是用得最多的作实体的命令，简单实用。通常可直接从二维平面图中调用拉伸平面，只要适当修改后，形成面域，就可进行拉伸实体，最后进行布尔运算。

四、旋转实体

具有旋转特征的实体，比较适合利用旋转法作实体，如图 7-45 所示实体，可以一次性地把基本形状全部作出来，在实际作图中要灵活使用，可大大简化作图。

五、三维体的编辑方法

三维体的编辑方法相对二维图的编辑较复杂，命令大多通用，只是在三维作图中较复杂些，不同的只有本书介绍的 7 个命令。

通过以上的学习，我们不难发现，AutoCAD 相对其他绘图软件较"实在"，比较容易入门和掌握，所以深得广大用户的喜爱。经常能见到一些设计人员，利用 AutoCAD 就可把全部的二维和三维的设计搞定，避免使用多种软件带来的麻烦。

判断三维软件的好坏标准：(1)是否容易学习和掌握；(2)是否操作方便；(3)作图效果。我们通过学习发现，AutoCAD 特别适合比较有规则的图形。使用非常方便，对于一些特别复杂的曲线曲面，则需要用专门的三维软件来绘制。实际绘图和设计中，真正特别复杂的图形很少，所以，学习和掌握 AutoCAD 的三维绘图方法是十分必要的。

课外练习七

1. 复习思考题

(1) 如何快速转换二维绘图与三维绘图的界面？

(2) 为什么在二维绘图时，通常要隐藏坐标系图标，而在三维绘图时要显示出来，并且在作实体时还要经常关注它的变化？

(3) 坐标输入法有哪些优点和缺点？在实际绘图时如何克服这些缺点？

(4) 视图有什么重要功能和作用？

(5) 为什么要使用视图观察器？

(6) 为什么要对实体进行着色，实体着色与不着色有什么区别？

(7) 拉伸实体时，为什么是沿着 Z 轴方向"长"？

(8) 拉伸实体前，为什么要先作面域？不是面域的封闭图形能进行拉伸吗？

(9) 布尔运算有哪几种，各有什么作用？

(10) 六个标准视图在绘三维实体时有什么重要作用？为什么作三维实体时要使用标准视图？

(11) 为什么作拉伸实体时,拉伸平面可直接借用它的二维平面图?简述直接利用二维平面图作三维实体的方法和过程?

(12) 如何快速作旋转实体?如何选取旋转轴线?

(13) 简述倒直角命令 CHA 在二维和三维绘图中的区别?

(14) 简述倒圆角命令 F 在二维和三维绘图中的区别?

(15) 简述三维实体常用的编辑命令和方法,与二维图形的编辑方法有哪些共同点和不同点?

2. 绘图题:先用 AutoCAD 绘制下列平面图,再画出立体图。

(1) 绘制 BJ136 后分泵活塞(材料:45 钢),如图 7-47 所示。

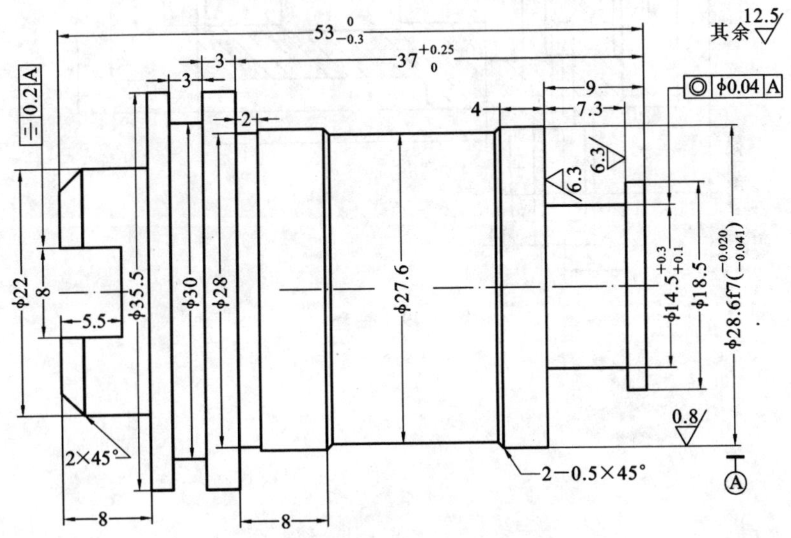

图 7-47　BJ136 后分泵活塞

(2) 绘制放气螺钉(材料:冷拉六角钢),如图 7-48 所示。

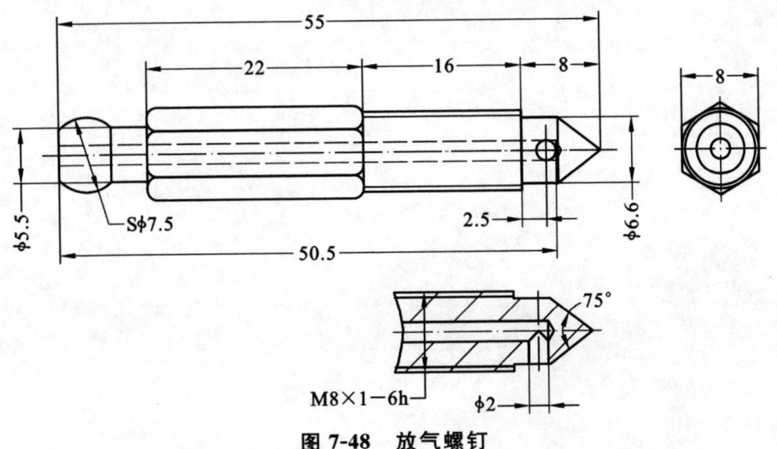

图 7-48　放气螺钉

(3) 绘制轴套(材料:HT200,未注圆角 $R3$,未注倒角 2×45°),如图 7-49 所示。

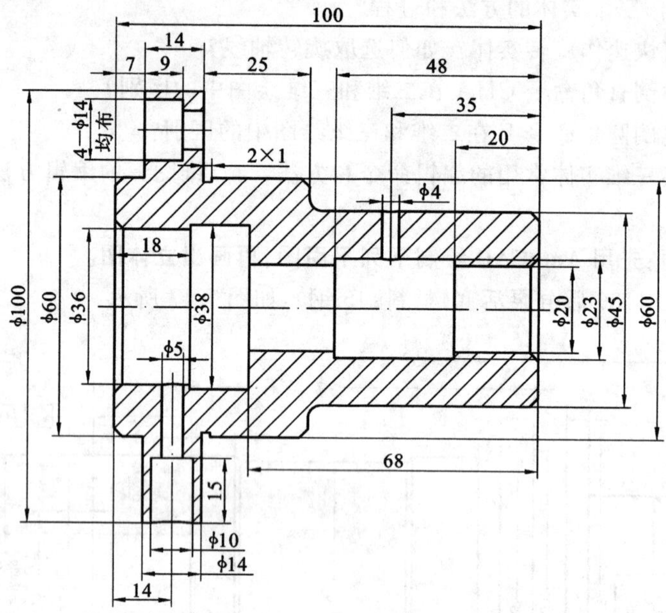

图 7-49　轴套

第八章　综 合 训 练

要真正学好并精通 AutoCAD,除了要掌握基本的绘图方法和技巧外,还要能够绘制比较复杂的图形。本章精选了几个实际生产中较常使用的比较复杂的图形,供大家学习时参考,同时,理论联系实际,效果会更加理想。

例 8-1　绘制 BJ130 离合器总泵缸(材料:HT200),如图 8-1 所示。

操作步骤如下。

(1) 绘制外部整体轮廓,主视图和左视图同时进行,如图 8-2 所示。

(2) 外部成形,设置图层,如图 8-3 所示。

(3) 绘制螺孔、孔口等内部结构,如图 8-4 所示。

(4) 绘制其他细小结构,画剖面线,如图 8-5 所示。

(5) 标注尺寸,如图 8-6 所示。

(6) 绘制局部放大图,如图 8-7 所示。

提示:直接在主视图上复制,然后放大 5 倍,把圆圈外的图形修剪掉,标注尺寸(修改数字)。

(7) 调用图框,填写标题栏和技术要求,如图 8-8 所示。

提示:绘制本图时,要按照一定的步骤,即先轮廓再细节,先外再内,先大尺寸再小尺寸,先已知尺寸再未知尺寸。这是作图的基本步骤,也即先"成形",把整体图形画出来,再去画局部的、细小的结构。这就好比建房子,先把框架建起来,再去搞内部的装修,否则,会出现不知从何下手,画了半天也画不出来的状况。要边画边修改,避免出现乱七八糟的图形,连自己都搞不明白,这是画复杂图形的大忌,如果方法得当,再复杂的图形也可准确地画出来。

标注尺寸是一个比较复杂而又费时费力的事情,一定要认真对待,不能少标、漏标、多标,要力求完整。可见,要真正画出一幅完美的图形,绝非是一件简单的事情。

所以,绘图质量的好坏,能真正反映一个工程师的技术水平。

例 8-2　绘制 X4110 泵壳(材料:HT200),平面图如图 8-9 所示,立体图如图8-10 所示。

操作步骤如下。

(1) 根据尺寸,绘出底部涡壳图,如图 8-11 所示。

提示:先确定 5 个装配孔的位置并作出孔及圆弧,再画渐开线,注意找准圆心、半径及在切点处修剪,最后用命令 F,进行倒圆角。

(2) 利用底部涡壳图镜像,并画出右视图,如图 8-12 所示。

(3) 根据尺寸,画出主视图,如图 8-13 所示。

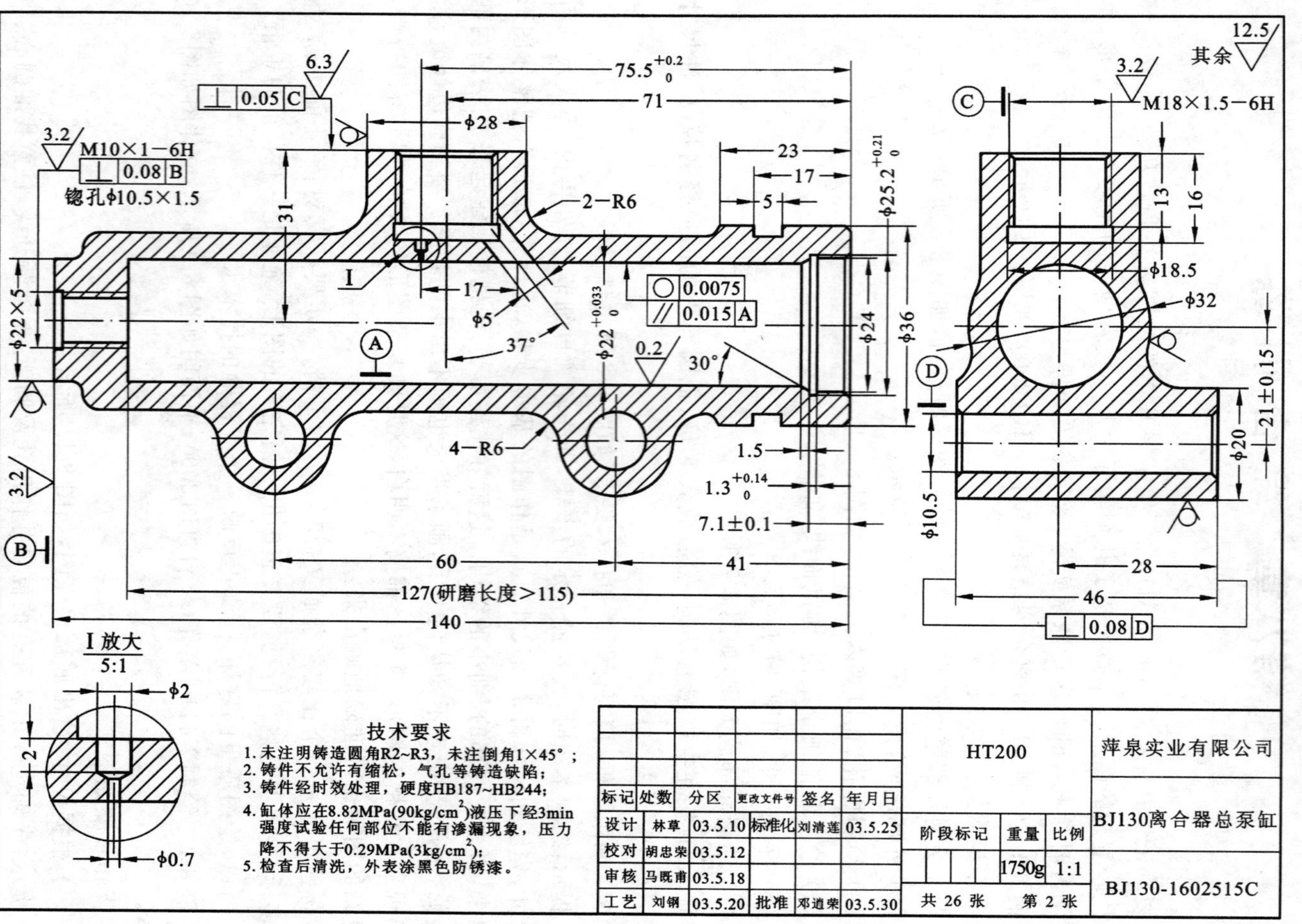

技术要求
1. 未注明铸造圆角R2~R3，未注倒角1×45°；
2. 铸件不允许有缩松，气孔等铸造缺陷；
3. 铸件经时效处理，硬度HB187~HB244；
4. 缸体应在8.82MPa(90kg/cm²)液压下经3min强度试验任何部位不能有渗漏现象，压力降不得大于0.29MPa(3kg/cm²)；
5. 检查后清洗，外表涂黑色防锈漆。
I放大 5:1
其余 12.5
M18×1.5−6H
M10×1−6H
锪孔ϕ10.5×1.5
127(研磨长度>115)
HT200
萍泉实业有限公司
BJ130离合器总泵缸
BJ130-1602515C
1750g
1:1
共 26 张
第 2 张

图 8-1　离合器总泵缸

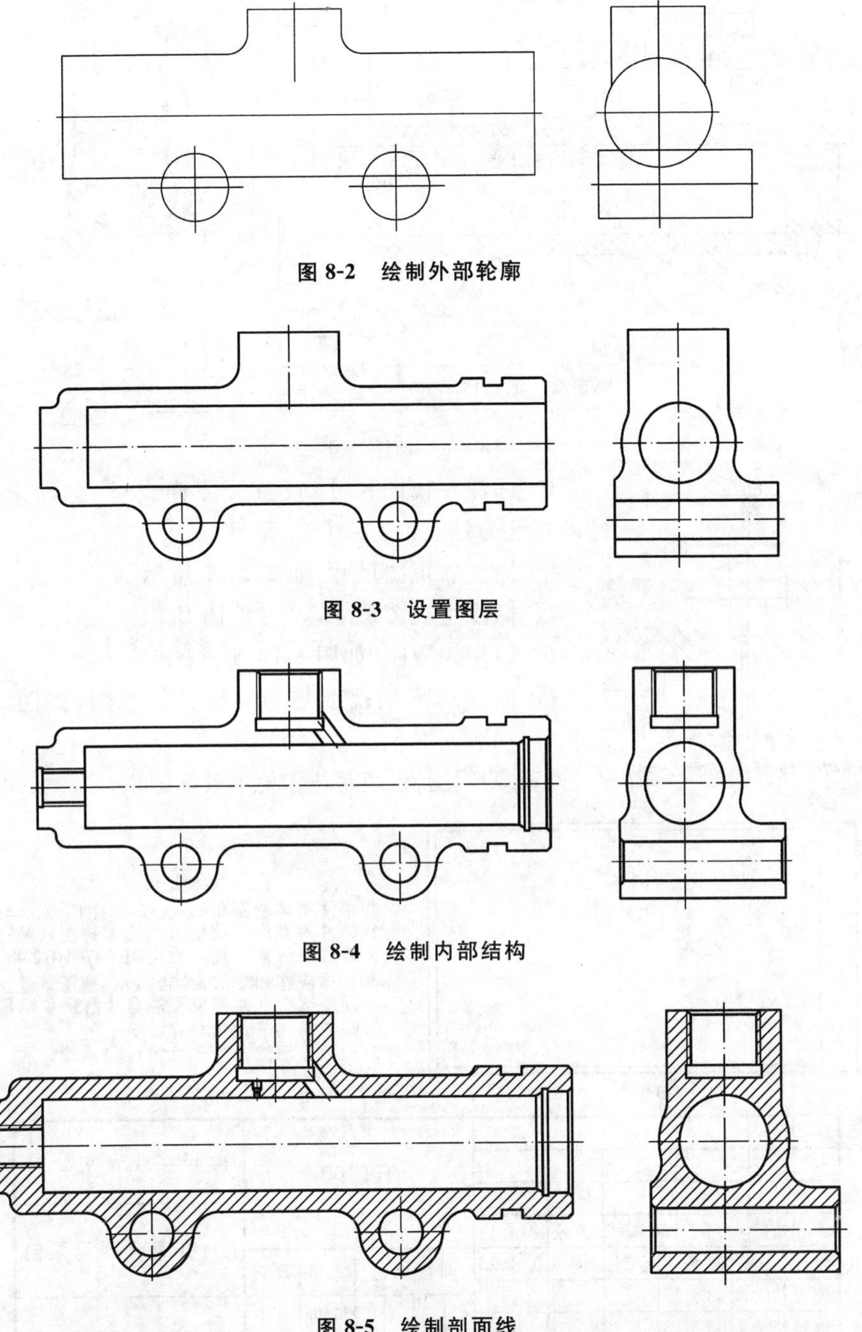

图 8-2　绘制外部轮廓

图 8-3　设置图层

图 8-4　绘制内部结构

图 8-5　绘制剖面线

(4) 利用主视图旋转,并根据相关投影,画出俯视图,如图 8-14 所示。

(5) 绘制局部剖视图与局部旋转剖视图,如图 8-15 所示。

(6) 尺寸标注。

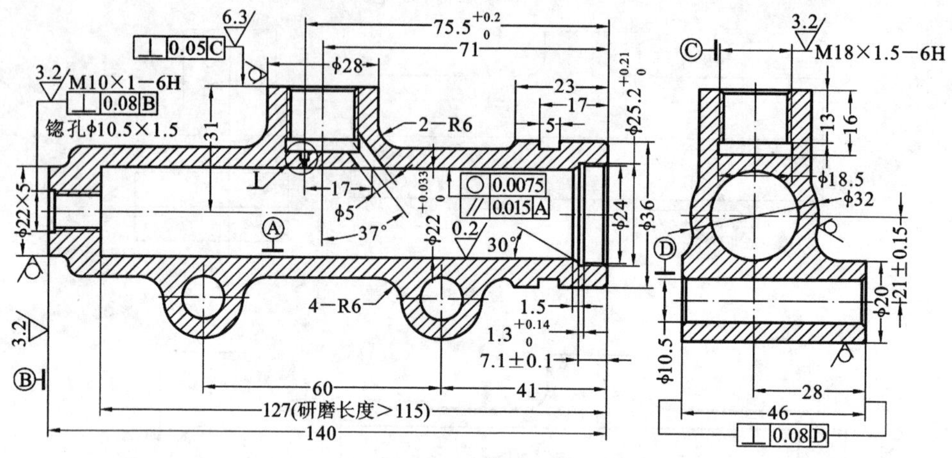

图 8-6　标注尺寸

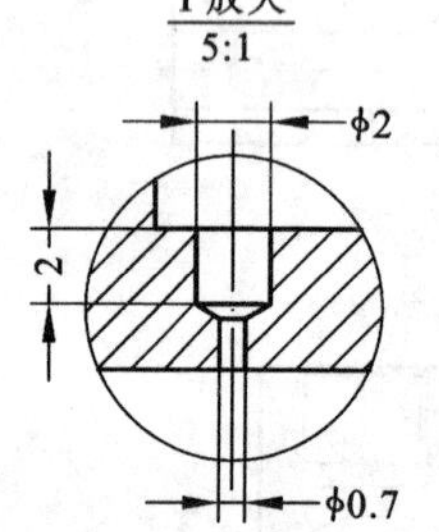

图 8-7　绘制局部放大图

① 标注左视图尺寸，设置标注样式，注意理论正确尺寸的标注方法，如图 8-16 所示。

② 标注右视图尺寸，如图 8-17 所示。

③ 标注主视图尺寸，如图 8-18 所示。

④ 标注俯视图，如图 8-19 所示。

⑤ 标注局部剖视图与局部旋转剖视图，如图 8-20 所示。

(7) 调用图框、填写技术要求及标题栏，如图 8-21 所示。

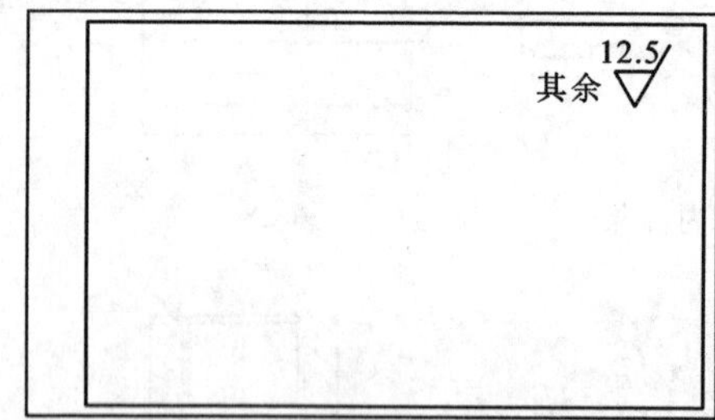

(a) 图框

技术要求

1. 未注明铸造圆角R2~R3，未注倒角1×45°；
2. 铸件不允许有缩松，气孔等铸造缺陷；
3. 铸件经时效处理，硬度HB187~HB244；
4. 缸体应在8.82MPa(90kg/cm^2)液压下经3min强度试验任何部位不能有渗漏现象，压力降不得大于0.29MPa(3kg/cm^2)；
5. 检查后清洗，外表涂黑色防锈漆。

(b) 技术要求

						HT200			萍泉实业有限公司
标记	处数	分区	更改文件号	签名	年月日				
设计	林草	03.5.10	标准化	刘清莲	03.5.25	阶段标记	重量	比例	BJ130离合器总泵缸
校对	胡忠荣	03.5.12							
审核	马既甫	03.5.18					1750g	1:1	BJ130-1602515C
工艺	刘钢	03.5.20	批准	邓道荣	03.5.30	共 26 张	第 2 张		

(c) 标题栏

图 8-8　绘制图框

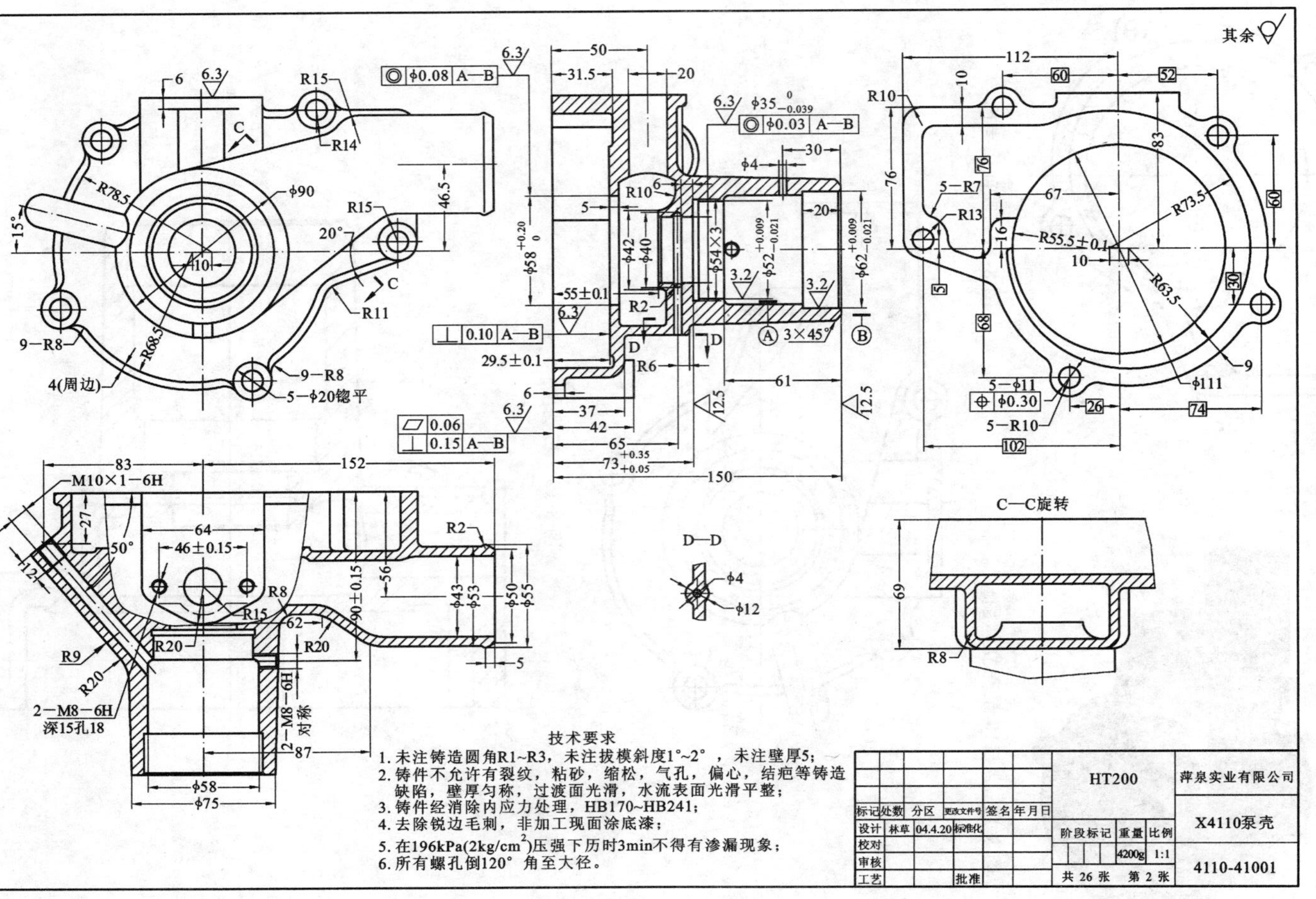
其余
C—C旋转
D—D
技术要求
1. 未注铸造圆角R1~R3，未注拔模斜度1°~2°，未注壁厚5；
2. 铸件不允许有裂纹，粘砂，缩松，气孔，偏心，结疤等铸造缺陷，壁厚匀称，过渡面光滑，水流表面光滑平整；
3. 铸件经消除内应力处理，HB170~HB241；
4. 去除锐边毛刺，非加工现面涂底漆；
5. 在196kPa(2kg/cm²)压强下历时3min不得有渗漏现象；
6. 所有螺孔倒120°角至大径。
HT200
萍泉实业有限公司
X4110泵壳
4110-41001
4200g
1:1
共 26 张　第 2 张

图 8-9　X4110 泵壳

图 8-10 X4110 泵壳立体图

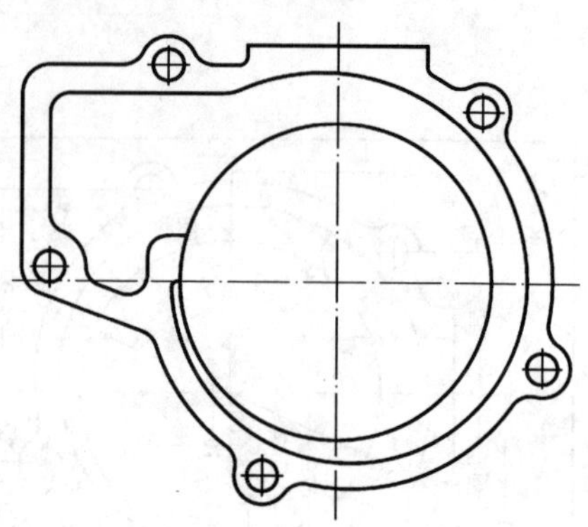

图 8-11 底部涡壳图

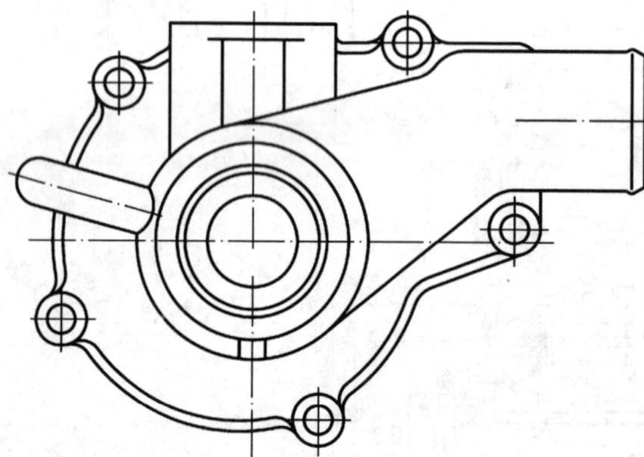

图 8-12 右视图

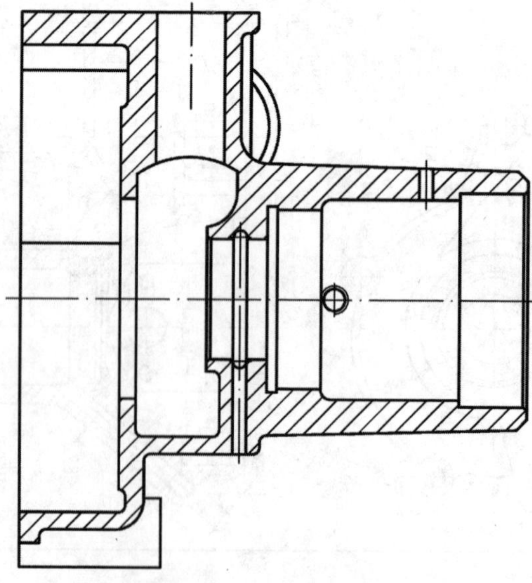

图 8-13 主视图

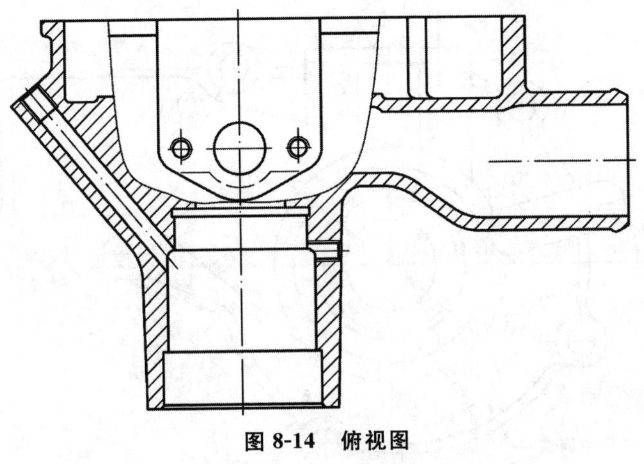

图 8-14　俯视图

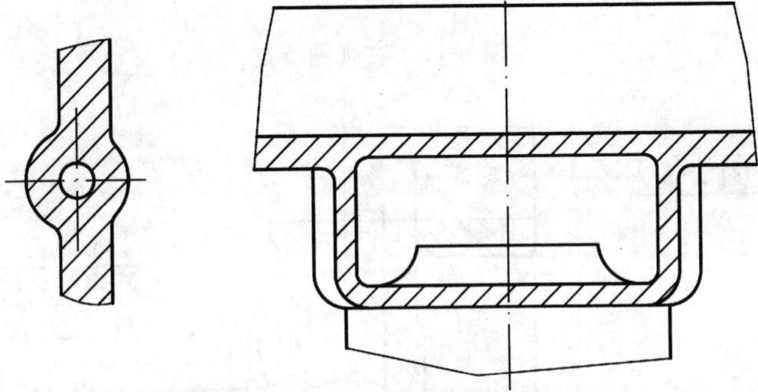

(a) 局部剖视图　　　　(b) 局部旋转剖视图

图 8-15　局部剖视图与局部旋转剖视图

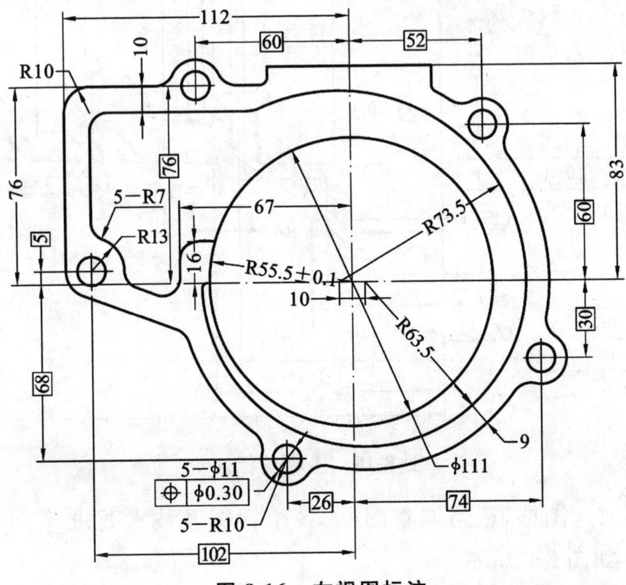

图 8-16　左视图标注

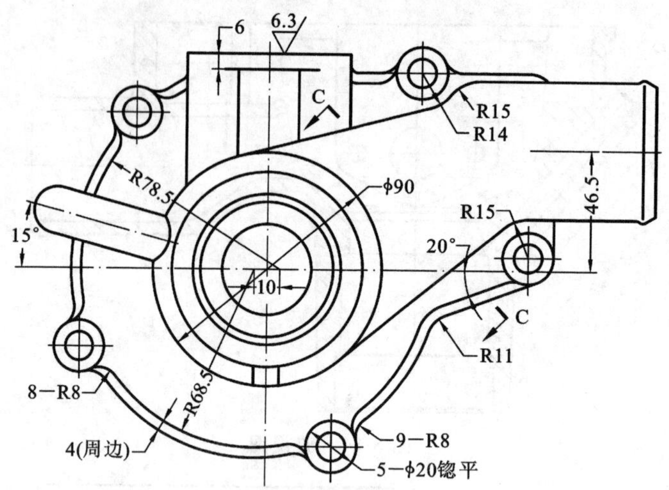

图 8-17　右视图标注

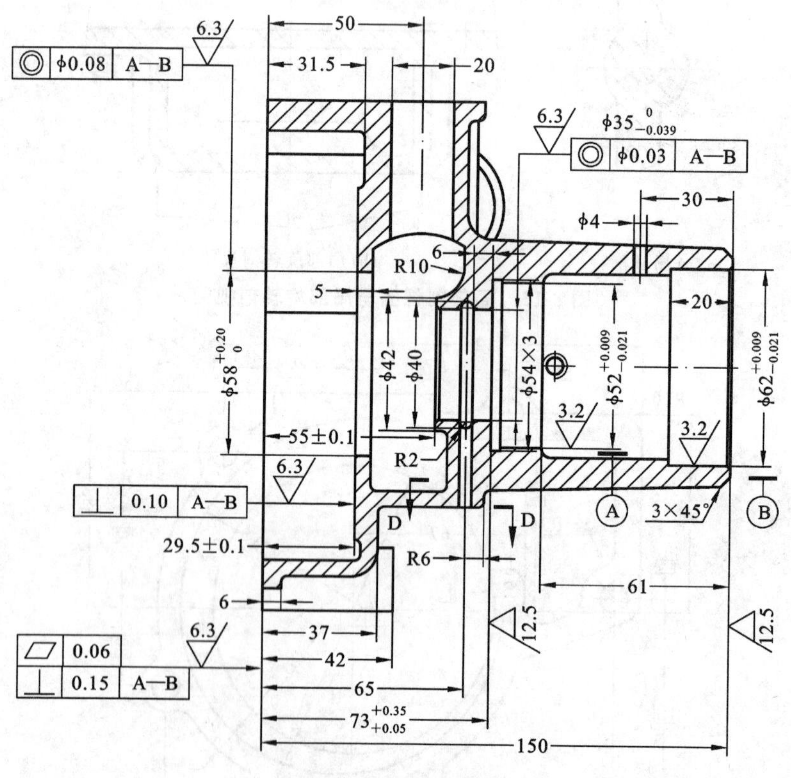

图 8-18　主视图标注

(8) 把图形放入图框，适当调整图框、各个视图及技术要求等，力求整幅图布局合理，美观大方，如图 8-9 所示。

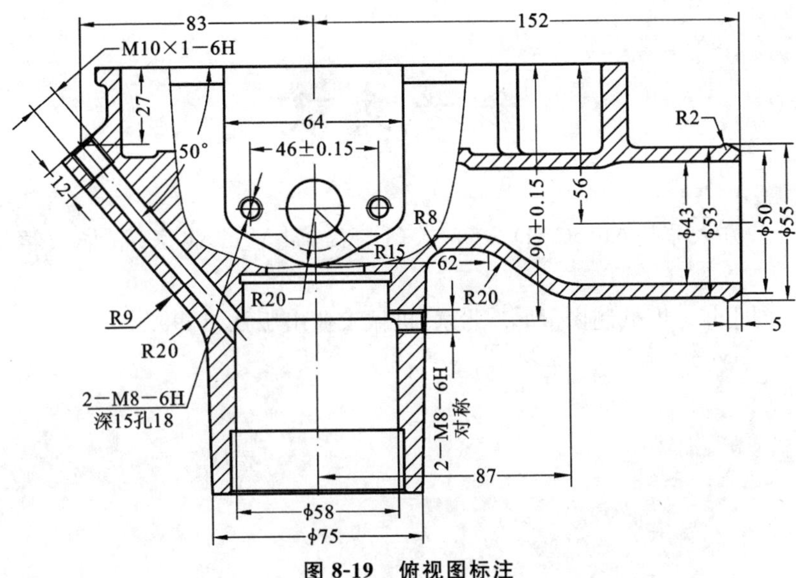

图 8-19　俯视图标注

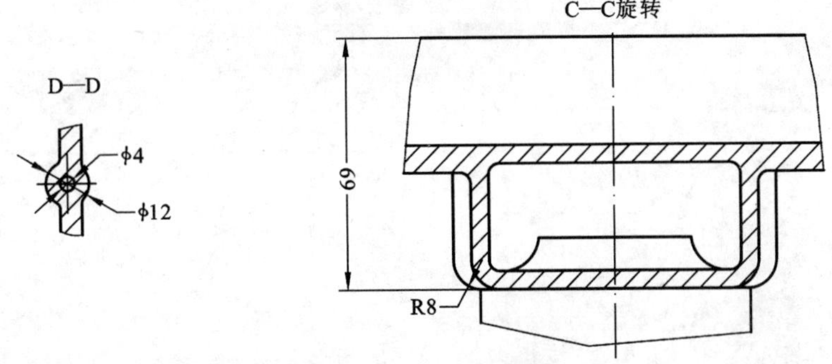

图 8-20　局部剖视图与局部旋转剖视图标注

技术要求

1. 未注铸造圆角R1~R3，未注拔模斜度1°~2°，未注壁厚为5；
2. 铸件不允许有裂纹、粘砂、缩松、气孔、偏心、结疤等铸造缺陷，壁厚匀称，过渡面光滑，水流表面光滑平整；
3. 铸件经消除内应力处理，HB170~HB241；
4. 去除锐边毛刺，非加工现面涂底漆；
5. 在196kPa(2kg/cm^2)压强下历时3min不得有渗漏现象；
6. 所有螺孔倒120°角至大径。

						HT200			萍泉实业有限公司
标记	处数	分区	更改文件号	签名	年月日				X4110泵壳
设计	林草	04.4.20	标准化			阶段标记	重量	比例	
校对							4200g	1:1	4110-41001
审核									
工艺			批准			共 26 张	第 2 张		

图 8-21　绘制图框

参考文献

[1] 东方人华. AutoCAD 2005 入门与提高[M]. 北京:清华大学出版社,2005.

[2] 刘小年. 机械制图[M]. 北京:机械工业出版社,1999.